수학도깨비 시리즈 3

수학도깨비에게 인코딩 및 정보이론 배우기

최행진 지음

KYOWOOSA 敎友社

서 문

컴퓨터와 관련하여 요즘 유행하고 있는 것 중의 하나가 동영상을 인코딩하는 작업이다. 많은 사람들이 자신의 필요에 따라 인코딩된 동영상을 활용하고 있다. 인코딩이란 무엇을 말하는 것일까?

인코딩 말고 디코딩이라는 말도 자주 접할 수 있다. 디코딩은 또 무엇일까?

간단히 말해서, 인코딩은 목적에 따라 자료의 형태를 변환하는 과정이다. 디코딩은 인코딩된 자료를 원래의 자료로 복원하는 과정이다. 수학으로 따지자면, 디코딩은 역함수를 구하는 것이다.

1960년대 미국에서 시작된 초창기 인터넷 메일은 SMTP[1]이라는 프로토콜을 사용하여 7비트 US-ASCII 문자만을 전달하는 것을 기본으로 만들어졌었다. 그러나 인터넷이 활성화되면서 바이너리 파일이나 영어 이외의 문자로 이루어진 텍스트 문자열, 이미지 정보, 바이너리 코드 등의 8비트 전송이 필요하게 되었다. 이런 정보들은 SMTP을 통해 전송되는 동안 8번째 최상위 비트가 유실되므로 깨진 상태의 메일이 수신되는 문제가 발생한다. 따라서 SMTP을 사용하면서 인터넷 메일이 깨지지 않고 전송되도록 하기 위해서 8비트 코드를 7비트 ASCII[2] 코드로 변환하고, 인터넷 메일을 받은 쪽에서는 다시 7비트 ASCII 코드를 8비트 코드로 변환해야 할 필요성이 생기게 되었다. 이 경우에 전자를 인코딩이라고 하며 후자를 디코딩이라고 말한다.

본문도 아닌 서문에서부터 어려운 내용이 나와, 본 책이 어려운 책이라고 생각하여 책을 구입하면 안되겠다고 생각하지는 말아라. 위 단락의 설명을 이해할 필

---

1 Simple Mail Transport Protocol의 頭文字語(두문자어)

2 American Standard Code for Information Interchange의 頭文字語(두문자어)로 [아스키]로 발음한다.

요는 전혀 없다. 수학도깨비는 다만, 인코딩과 디코딩이 수십년 전에도 필요했었다는 것을 독자에게 알리고 싶었을 뿐이다. 고등학생이 본 책을 읽어도 100% 이해할 수 있도록 최대한 쉽게 집필했다. 어려운 책이 절대 아니다.

인코딩을 우리말로는 부호화라고 한다. 그래서 본 책의 제목을 처음에는 *부호화이론*이라고 지으려고 했다. 하지만 그렇게 제목을 붙이면 많은 사람들이 잘 모르기 때문에 원래의 계획을 수정하여 *인코딩이론*으로 바꿨다. 그러나 책의 본문에서는 인코딩이라는 용어를 사용하지 않고 부호화라는 용어를 썼다.

또한 디코딩을 우리말로는 복호화라고 하는데, 본문에서는 역시 우리말을 사용했다.

책 제목에 디코딩이라는 말이 들어가지 않았다고 해서 본 책에서 디코딩을 다루지 않는 것은 아니니 행여나 오해하는 일이 없도록 하자.

본 책에서 다루는 내용을 크게 세 가지로 분류할 수 있다. 코딩이론, 정보이론, 암호화이론이 그것이다. 본 책에서 중점적으로 설명하는 것은 코딩이론과 정보이론이다. 코딩은 인코딩과 디코딩을 합해서 지칭하는 용어이다. 인코딩은 압축기술 혹은 오류정정기술 혹은 암호화기술을 사용하여 자료를 변환하는 것을 의미한다. 디코딩은 그렇게 인코딩된 자료를 원래대로 변환하는 것이다. 코딩을 소스코딩과 채널코딩으로 나누기도 한다. 우리말로 정보원부호화라고 부르는 소스코딩은 말 그대로 처음 만들어진 신호의 정보는 그대로 유지하면서 인코딩을 하는 과정이다. 이때 표현을 섬세히 할수록 인코딩된 신호량이 늘어난다. 동일한 음악이라 하더라도, 소스코딩을 할 때 8비트로 할 것인지 16비트로 할 것인지에 따라, 음질에 있어서 상대적인 차이가 나게 되는 것이다. 그런데 최근에 시스템의 성능과 압축기술이 매우 발달하여 압축기술을 널리 적용하다 보니 소스코딩이라 하면 대부분 '원신호를 압축하는 것'이라는 개념으로 한정하는 경향이 많다. 이를테면 영상신호의 MPEG-2 인코딩, 음악신호의 MP3 인코딩 등이 소스코딩의 대표적인 보기이다.

한편 소스코딩된 신호가 통신채널을 통해 전송되는 도중에 오류가 발생한다고 가정하고, 채널의 특성에 따라 발생할 수 있는 오류에 대해 강인함을 갖는 기술적인 대책을 적용하게 되는데, 이 과정을 채널코딩이라고 한다. 즉 채널코딩은 발생된 오류를 검출하고 만약 오류를 정정하는 것이 가능하다면 그것을 정정하도록 하는 것을 말한다. 채널코딩을 우리말로 오류제어부호화 혹은 통신로부호화라고 한다.

소스코딩과 채널코딩의 근본적인 차이는 대상으로 하는 신호가 다르다는 것이다. 소스코딩은 원신호를 대상으로 하며, 채널코딩은 소스코딩된 신호를 대상으로 한다.

암호화는 자료를 최종 수신해야 할 사람 외에 다른 사람이 자료를 훔치더라도 원래 자료를 해석하지 못하도록 하는 것이다.

정보이론은 전자통신의 신호문제에 그 기원을 두고 있다. 특히 1920년대 벨 연구소에서 근무했던 나이퀴스트[3]와 하틀리[4]는 통신선로를 통해 전송되는 문자열에 들어있는 정보의 양을 측정하는 방법을 개발했다. 그런데 세계2차대전 기간 동안에 정확성이 떨어지거나 잡음에 가까운 레이더 관측자료로부터 비행기의 항로를 예측하는 데 나이퀴스트와 하틀리의 방법이 중요한 역할을 하게 되었다. 이 상황을 좀더 구체적으로 서술할 필요성이 있다. 비행기의 현재 위치를 전류로서 나타내는데 이 전류에 잡음전류가 추가되었다고 가정하자. 비행기의 위치를 알 수 있게 해주는 전류에 잡음전류가 추가돼 생성된 전체전류로부터 우리는 비행기의 위치를 적절하게 추정할 수 있을까? 이 문제는 러시아의 수학자 콜모고로프[5]와 미국 MIT 수학자 위너[6]에 의해 해결되었다.

20세기 전반부에 이루어졌던 연구는 우리가 현재 정보이론이라고 부르는 것의

---

[3] Harry Nyquist. **Born:** 7 Feb 1889 in Stora Kil, Nilsby, Värmland, Sweden. **Died:** 4 April 1976 in Harlingen, Texas, USA.

[4] Ralph Hartley. **Born:** 30 Nov 1888 in Spruce, Nevada, USA. **Died:** 1 May 1970 in New Jersey.

[5] Andrey Nikolaevich Kolmogorov. **Born:** 25 April 1903 in Tambov, Tambov province, Russia. **Died:** 20 Oct 1987 in Moscow, Russia.

[6] Norbert Wiener. **Born:** 26 Nov 1894 in Columbia, Missouri, USA. **Died:** 18 March 1964 in Stockholm, Sweden. 어떤 원인에 의해 나타난 결과가 다시 그 원인에 영향을 미치는 현상을 피드백이라고 하는데 피드백을 도입한 사람이 바로 위너이다.

개발 단계였다고 할 수 있다. 그리고 벨 연구소의 섀넌[7]은 정보이론의 거의 모든 뼈대를 완성했다. 위에서 말한 잡음문제와 같은 정보측정에 관한 수학적이론을 1948년에 위너의 제자인 섀넌이 내놓았다. 콜모고로프는 “섀넌은 수학자로서도 최고이고 공학자로서도 최고이다.”라고 평하기도 했다.

본 책에서 소스코딩과 채널코딩에 대해서는 자세하게 다루지만 암호화에 대해서는 간략하게 언급하는 정도로 그친다.

[7] Claude Elwood Shannon. **Born:** 30 April 1916 in Gaylord, Michigan, USA. **Died: 24 Feb 2001 in Medford, Massachusetts, USA.**

목 차

1st 정보량의 기초

[가] 아래의 그림

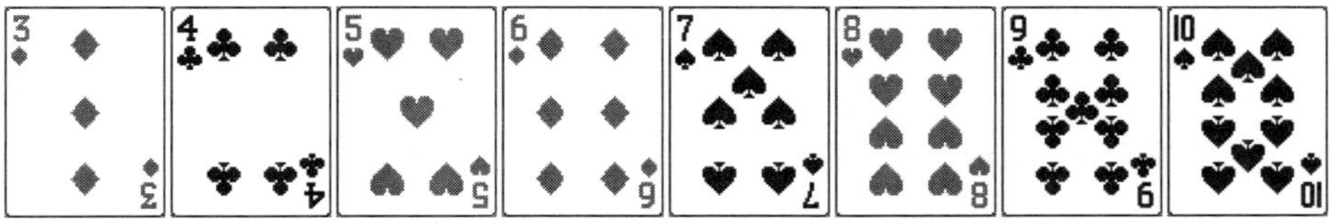

처럼 8장으로 된 카드 한 벌이 있다. 이 중에서 한 장을 임의로 고르라고 상대방에게 시킨 뒤 내가 그 카드를 맞출 때까지 질문을 한다고 하자. 능률적으로 질문을 한다면 최대 3번의 질문을 통해 그 카드를 맞출 수 있다. 상황을 구체적으로 살펴보자. 처음에 "7 이상이냐?"라는 질문을 했더니 "아니다."라는 대답을 들었다고 하자. 그러면 해당 카드는 3부터 6까지 중에서 어느 하나다. 이제 이 4장을 대상으로 질문을 하면 된다. 예컨대, "4 이하냐?"라는 질문을 했더니 "아니다."라는 대답을 들었다고 하자. 그러면 해당 카드는 5 아니면 6이다. 따라서 마지막으로 "5냐?"라는 질문을 통해 해당 카드를 맞출 수 있다. 이와 같이 해당 카드를 맞추기 위해 필요한 최대 질문의 개수 3는 상대방의 정보량이다.

[나] 아래의 그림

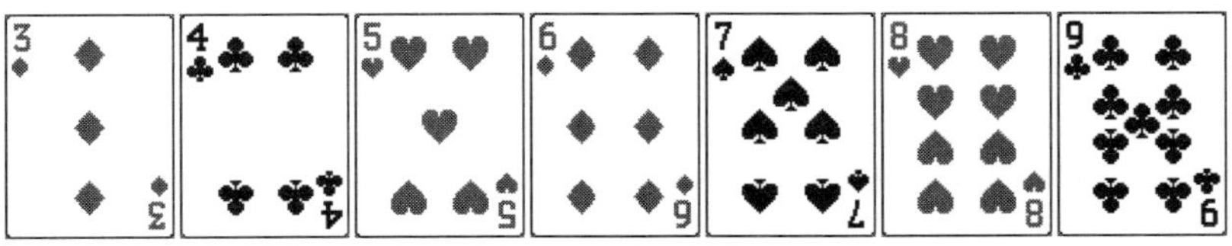

처럼 7장으로 된 카드 한 벌이 있다. 이 중에서 한 장을 임의로 고르라고 상대방에게 시킨 뒤 내가 그 카드를 맞출 때까지 질문을 한다고 하자. 능률적으로 질문을 한다면 최대 3번의 질문을 통해 그 카드를 맞출 수 있다. 상황을 구체적으로 살펴보자. 처음에 "6 이하냐?"라는 질문을 했더니 "아니다."라는 대답을 들었다고 하자. 그러면 해당 카드는 7부터 9까지 중에서 어느 하나다. 이제 이 3장을 대상으로 질문을 하면 된다. 예컨대, "8이냐?"라는 질문을 했더니 "아니다."라는 대답을 들었다고 하자. 그러면 해당 카드는 7 아니면 9이다. 따라서 마지막으로 "9냐?"라는 질문을 통해 해당 카드를 맞출 수 있다. 이와 같이 해당 카드를 맞추기 위해 필요한 최대 질문의 개수는 3이다.

[다] 앞면이 나올 확률이 1/3이고 뒷면이 나올 확률이 2/3인 동전을 던지는 게임을 친구와 하자. 던져서 나온 동전이 앞면인지 뒷면인지 친구만 알고 있다면, 친구가 가진 정보량은 얼마일까? 물론 이 경우에 나는 단 한 번의 질문을 통하여 앞면인지 뒷면인지 맞출 수 있다. 그런데 던져진 동전이 앞면이라면, 뒷면인 경우보다 좀더 놀라움을 느낄 것이다. 왜냐하면 뒷면이 나올 확률이 앞면이 나올 확률의 2배이기 때문이다. 이런 경우 우리는 정보량을 $\frac{1}{3}\log_2 3 + \frac{2}{3}\log_2 \frac{3}{2} \approx 0.92$로 계산한다.

【1】 [다]의 게임에서 앞면이 나올 확률과 뒷면이 나올 확률이 같을 때의 정보량은 얼마인가?

【2】 [나]의 경우에 정보량을 3로 하는 것이 합리적인가? 그렇지 않다. 카드의 개수가 달라지면 정보량도 달라져야 한다. 그렇다면 일반적으로 카드의 개수가 n일 때 정보량은 어떻게 되는지 논리적으로 설명하여라.

I 어떻게 해결할 것인가

【1】 정보량을 어떻게 계산하는지 [다]에 그 방법이 서술되어 있다. 제시문을 참고하여 계산식을 세운다.

【2】 꽤 난해한 문항이고 정답도 이해하기 어려울 것이다. 카드의 개수가 달라지면 정보량도 달라져야 한다는 사실을 염두에 두고 생각해 보자.

II 수학도깨비의 친절한 설명

【1】 두 확률이 같을 때의 정보량은

$$\frac{1}{2}\log_2 2 + \frac{1}{2}\log_2 2 = 1$$

임을 쉽게 계산할 수 있다.

【2】 [다]를 보면 정보량이 꼭 정수일 필요는 없다는 것을 알 수 있다. 그리고 [다]에서 정보량 계산식을 보면 로그함수가 있다. 로그함수와 카드 맞추기 게임을 연관지어 생각을 해보면 될 것이다.

일단 카드의 총개수가 2^n일 때 정보량이 n임은 자명하다. 즉 정보량은 최대 질문 개수와 일치한다.

그렇다면 카드의 총개수가 2^n와 2^{n+1} 사이일 경우에는? 이것을 해결하려면 $\log_2 2^n = n$을 생각할 수 있어야 한다. 이것을 생각할 수 있다면, 카드의 총개수가 m일 때 정보량은 $\log_2 m$이 된다는 것을 알 수 있게 된다. 물론 이 경우에 $\log_2 m$은 정수가 아니다. 즉 이 경우 정보량은 최대 질문 개수와 약간의 차이가 있다.

III 수학도깨비의 충고

본 문항을 통해 정보량의 기본 개념을 이해하고 난 후에 정보원의 엔트로피를 공부해야 한다. 그러나 아직은 정보량의 개념을 완전히 이해하기 힘들 것이다. 일단은 적당히 이해하고 넘어가도 괜찮다.

2nd 정보원의 엔트로피

정보원[8]에서 발생한 메시지가 부호화기(encoder)에서 디지털 비트로 변환되어 송신기를 거쳐 통신채널을 통해 전달되는 시스템을 생각해 보자. 통신채널은 전화선 같은 유선채널일 수도 있고 무선통신일 수 있다.

정보원 → 부호기 → 송신기 → 통신채널 → 수신기 → 복호기 → 목적지

정보원 $S_n = \{m_1, m_2, \cdots, m_n\}$에 대하여 메시지 m_i의 발생확률을 $\Pr(m_i) = p_i$라고 하자. 정보이론의 창시자인 섀넌[9]은 메시지가 가진 정보의 양을 $I(m_i) = \log_2 \frac{1}{p_i}$로 정의하였다. 대수(log)의 밑수를 2로 한 것은 정보량의 단위를 비트로 하기 위함이다. 이 정의에 따르면 메시지의 발생확률이 낮을수록 메시지가 전달하는 정보량은 많아진다. 정보원 S_n에서 발생하는 모든 메시지의 평균정보량을 엔트로피[10]라고 한다.

【1】 확률변수 X가 취하는 값이 x_i이고, 확률이 $\Pr(x_i)$일 때 X의 기댓값(평균값)은

$$E(X) = \sum_i x_i \Pr(x_i)$$

로 정의된다. 더 나아가 $Y = g(X)$의 함수관계가 있는 확률변수 Y의 기댓값은

---

[8] 영어로는 information source

[9] Claude Elwood Shannon. Born: 30 April 1916 in Gaylord, Michigan, USA. Died: 24 Feb 2001 in Medford, Massachusetts, USA.

[10] 엔트로피는 원래 무작위 혹은 무질서의 척도로 사용되는 물리학 용어이다. 하지만 물리학에서 나오는 엔트로피와 정보이론에서 등장하는 엔트로피가 동일한 것은 결코 아니다.

$$E(Y) = \sum_i g(x_i) \Pr(x_i)$$

가 됨을 이용하여, 메시지의 집합 $\{m_1, m_2, \cdots, m_n\}$으로 이루어진 정보원 S_n의 평균 정보량을 어떻게 나타낼 수 있는지 논리적으로 설명하시오.

【2】 2종류의 메시지를 가진 정보원 $S_2 = \{m_1, m_2\}$에 대해서, 각각의 메시지 발생확률을 $\Pr(m_1) = p$, $\Pr(m_2) = 1 - p$라고 하자. S_2의 평균정보량이 최대가 되기 위한 p값과 이때의 최대평균정보량이 어떻게 결정되는지 그 과정을 논리적으로 설명하시오.

【3】 문항【2】의 결과를 확장하여 n 종류의 메시지를 가진 정보원 $S_n = \{m_1, m_2, \cdots, m_n\}$의 평균정보량이 최대가 되기 위한 조건을 논리적으로 제시하고, 그 의미를 설명하시오. 최댓값은 얼마인가?

I 어떻게 해결할 것인가

【1】 여전히, 정보량의 개념이 가슴에 와 닿지 않을 것이다. 자세한 설명없이 정보량을 정의했기 때문이다. 찜찜하더라도 정보량의 정의식을 일단 받아들여라. 그러면 평균정보량을 계산할 수 있다. 평균정보량은 우리에게 익숙한 단순한 산술평균 개념이다.

【2】 메시지가 2종류로 한정되었고 각 메시지의 발생확률이 구체적으로 주어졌다. 정보원 S_2의 평균정보량을 쉽게 구할 수 있다. 그 다음에 최댓값이 되는 조건을 따진다.

【3】 논리적으로 추론하는 게 우선인데, 사실 쉬운 일은 아니다. 하지만 문항【2】을 올바르게 풀었다면, 어느 정도 추론이 가능하다.

II 수학도깨비의 친절한 설명

【1】 메시지의 집합 $\{m_1, m_2, \cdots, m_n\}$에 대하여 메시지 m_i의 발생확률을 $\Pr(m_i) = p_i$이라 하고 메시지가 가진 정보량을 $I(m_i) = \log_2 \frac{1}{p_i}$으로 정의했다. 그러므로 구하고자 하는 평균정보량은

$$\sum_i I(m_i)\Pr(m_i) = \sum_i p_i \log_2 \frac{1}{p_i} = -\sum_i p_i \log_2 p_i$$

이다.

【2】 일단 S_2의 평균정보량을 계산해 보면

$$-[p\log_2 p + (1-p)\log_2(1-p)] = H(p)$$

이다.

$H(p)$가 최대가 되기 위해서는 함수

$$f(p) = -H(p) = p\log_2 p + (1-p)\log_2(1-p)$$

가 최소가 되어야 한다.

함수 $f(p)$의 최솟값을 구하기 위해

$$\frac{df(p)}{dp} = \log_2 p + \frac{1}{\ln 2} - \log_2(1-p) - \frac{1}{\ln 2} = \log_2 p - \log_2(1-p) = 0$$

을 만족시키는 p를 계산한다. 이 식을 만족시키는 것은 $p = 0.5$임을 쉽게 알 수 있다.

$p = 0.5$일 때 $f(p)$가 최솟값을 갖는지 확인하기 위해 $\frac{d^2f(p)}{dp^2}$의 부호를 따져 보자. 일단

$$\frac{d^2f(p)}{dp^2} = \frac{1}{p\ln 2} + \frac{1}{(1-p)\ln 2} = \frac{1}{\ln 2}\left(\frac{1}{p} + \frac{1}{1-p}\right) = \frac{1}{p(1-p)\ln 2}$$

을 계산하고 $p = 0.5$를 대입하면 $\left.\frac{d^2f(p)}{dp^2}\right|_{p=0.5} > 0$이다. 따라서 $p = 0.5$일 때 $f(p)$가 최솟값을 갖는다.

결국 S_2의 평균정보량이 최대가 되기 위한 p값은 0.5이고 이때의 최대평균정보량은

$$H(0.5) = -(-0.5 - 0.5) = 1\text{비트}$$

이다.

【3】 위 결과를 확장하여 n종류의 메시지를 가진 정보원 $S_n = \{m_1, m_2, \cdots, m_n\}$에 대하여

$$\Pr(m_i) = \frac{1}{n}$$

을 만족할 때 평균정보량이 최대가 될 것이라고 유추할 수 있다. 이것은 각각의 메시지가 발생할 확률이 동등할 때 엔트로피는 최대가 된다는 말이다. 즉 어느 정보가 올 것인지 예상하기 어려울수록 정보원의 엔트로피는 크다는 것을 의미한

다.

한편, 엔트로피의 최댓값은

$$H = -\sum_i \frac{1}{n}\log_2\frac{1}{n} = \sum_i \frac{\log_2 n}{n} = \log_2 n$$

이다.

그렇다면 엔트로피가 최대가 되는 조건을 논리적으로 설명할 수 있을까? 다소 길기는 하지만, 공부해 보자. 본격적으로 설명하기에 앞서 독자 여러분들이 우선 알아두어야 할 부등식이 하나 있는데, 이 부등식은

$$\log_2 x \le (x-1)\log_2 e$$

이다. 이 부등식이 성립하는 이유를 설명하지는 않을 것이다. 다만 옆의 그래프를 통해 확인만 하도록 하자. 우리는 지금부터 이 부등식을 이용하여 $H \le \log_2 n$을 증명할 것이다.

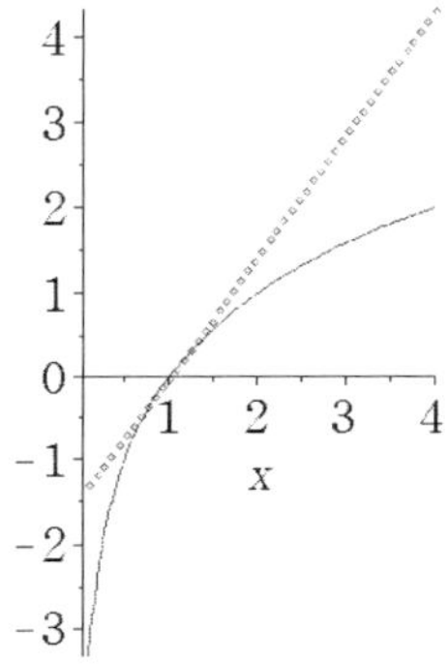

우선

$$H - \log_2 n = -\sum_{i=1}^n p_i \log_2 p_i - \log_2 n \sum_{i=1}^n p_i = \sum_{i=1}^n p_i \log_2 \frac{1}{p_i} + \sum_{i=1}^n p_i \log_2 \frac{1}{n}$$
$$= \sum_{i=1}^n p_i \log_2 \frac{1}{p_i n} = \sum_{i=1}^n p_i \log_2 \frac{1}{p_i n}$$

을 유도한다.

그런데

$$\log_2 x \le (x-1)\log_2 e$$

에 의해

$$H - \log_2 n = \sum_{i=1}^n p_i \log_2 \frac{1}{p_i n} \le \log_2 e \sum_{i=1}^n p_i \left(\frac{1}{p_i n} - 1\right) = \log_2 e \sum_{i=1}^n \left(\frac{1}{n} - p_i\right) = 0$$

이 성립한다. 즉

$$H \le \log_2 n$$

을 얻을 수 있다. 등식이 성립하는 경우는 $\frac{1}{p_i n} = 1$일 때이다. 결론적으로 말하자면, $p_i = \frac{1}{n}$일 때 엔트로피는 최대가 된다.

III 정보량에 대한 이해를 돕기 위한 '수학도깨비의 친절한 설명'

맨 처음 공부했던 정보량의 개념에 대해서 이 시점에서 다시 한 번 생각해보자. 이번에는 정보량의 개념을 좀더 이해할 수 있을 것이다.

【2】에서 2종류의 메시지를 가진 정보원 $S_2 = \{m_1, m_2\}$에 대해서, 각각의 메시지 발생확률을 $\Pr(m_1) = p$, $\Pr(m_2) = 1 - p$라고 했다. 정보량의 이해를 돕기 위해 이 문항을 다음과 같이 바꿔서 생각해 보자.

던졌을 때 앞면이 나올 확률이 p이고 뒷면이 나올 확률이 $1-p$인 동전이 있다. p은 $0 \le p \le 1$ 범위에서 어떤 값을 취해도 상관없다. 물론 이 동전은 우리가 보통 확률 문제에서 취급하는 동전은 아니다. 어쨌든 이 동전을 한 번 던졌을 때 앞면이 나올지 뒷면이 나올지 이 글을 읽고 있는 수험생이 맞추는 게임을 한다고 하자. p이 어떤 값일 때 던진 결과를 수험생이 맞추기 쉬운가? 만약 $p = 0$이라면, 수험생은 뒷면이라고 답할 것이다. 또한 $p = 1$이라면, 수험생은 앞면이라고 답할 것이다. 이 경우에 동전을 던진 결과를 맞춘 수험생은 별로 놀랍지 않을 것이다. 그렇다면 p이 어떤 값일 때 맞추기가 어려운가? p이 0이나 1에서 멀어질수록 맞추기가 점점 어려워진다. 그리고 $p = 0.5$일 때 수험생이 맞출 가능성이 가장 낮다. 지금까지의 상황을 우리는 다음과 같이 말할 수 있다. 던진 결과를 맞출 때 가장 놀라움을 느낄 수 있는 경우는 바로 $p = 0.5$인 경우라고 말이다. 이처럼 정보량은 놀라움의 정도를 수치화시킨 것이다.

IV 수학도깨비의 충고

정보량은 매우 중요한 개념이다. 정보량에 대해서 확실히 이해해야 한다.

V 엔트로피 명칭에 관한 에피소드

섀넌은 원래 엔트로피라는 용어를 자신의 이론에서 사용할 생각이 아니었지만 수학자 폰 노이만의 권유에 따라 물리학의 한 분야인 열역학에서 쓰이던 엔트로피라는 용어를 빌려 와서 쓰게 되었다. 폰 노이만이 섀넌에게 "엔트로피가 뭔지 아무도 잘 모르니까 시비를 걸 사람이 없을 것이고, 엔트로피처럼 멋있는 용어를 사용해야 많은 사람들이 새로운 이론에 대해 관심을 가질 것이다."라고 말했다고 한다.

VI 수학도깨비의 보충설명

$p = 0$일 경우에 $p \log_2 \frac{1}{p}$을 어떻게 처리하면 좋을까? $\log_2 \frac{1}{p}$ 때문에 고민할 수도 있으나, 그다지 곤란한 문제가 아니다. 왜냐하면

$$\lim_{p \to 0+} p \log_2 \frac{1}{p} = 0$$

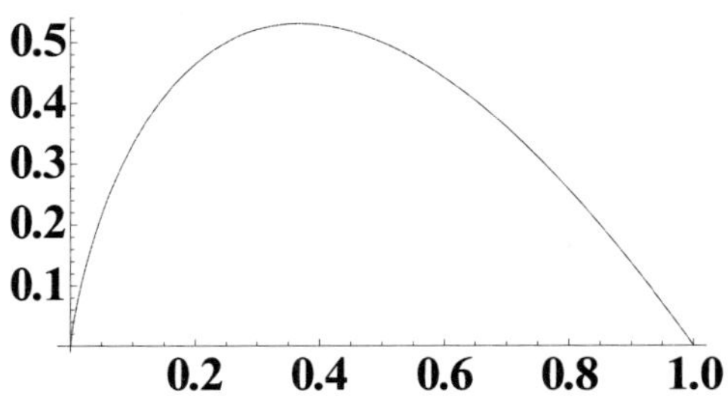

이 성립하기 때문에, $p = 0$일 경우에 $p \log_2 \frac{1}{p} = 0$으로 하면 된다. 위의 그래프와 함께 익혀두면 좋을 것이다.

한편 2종류의 메시지를 가진 정보원의 평균정보량 $H(p) = -\log_2 p^p (1-p)^{(1-p)}$의 그래프를 그려보면 옆과 같다. 대략 $p = 0.5$ 일 때 엔트로피가 최대가 됨을 쉽사리 확인할 수 있다.

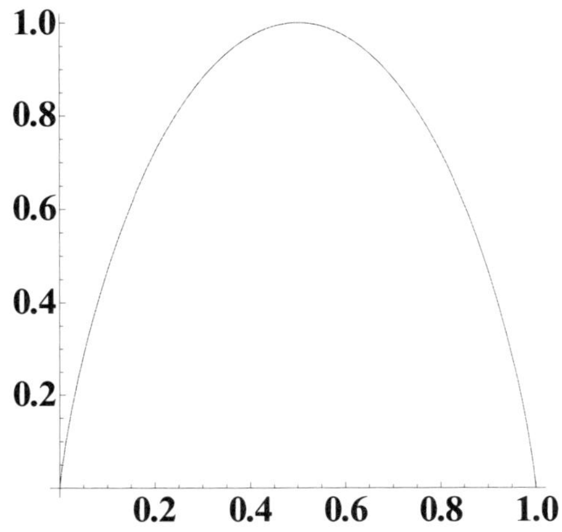

3rd 정보량을 왜 로그함수로 정의하는가?

놀라움의 정도를 수치화시킨 것이 정보량이라고 했다. 수학도깨비가 간단한 퀴즈를 하나 낼 테니 풀어봐라. 어떤 한 쌍의 남녀가 결혼했다는 뉴스와 그 남녀가 이혼했다는 뉴스를 각각 전해 들었다고 하자. 두 뉴스 중에서 어떤 뉴스의 정보량이 더 큰가?

뭐 생각이라고도 할 것 없이 금방 대답할 수 있을 것이다. 이혼했다는 뉴스가 결혼했다는 뉴스보다 더 많은 정보량을 가지고 있다는 것이 정답이다. 우리는 결혼사실보다는 이혼사실을 들을 때 훨씬 더 많이 놀라게 된다. 그런데 놀라운 정도가 클수록 정보량이 큰 것이므로, 이혼했다는 뉴스의 정보량이 더 큰 것이다.

좀더 근본적으로 생각해 보자. 결혼사실을 들을 때보다 이혼사실을 들을 때 우리가 더 많이 놀라게 되는 이유가 무엇인지를 말이다. 왜 그런가? 그것은 바로 이혼할 확률이 결혼할 확률보다 작기 때문이다. 잘 발생하지 않는 일이 발생했으니 그만큼 더 놀라게 되는 것이 당연하지 않은가?

지금까지 정보량과 엔트로피에 대하여 수학도깨비가 많이 설명했다. 이만큼 설명했으니 정보량과 엔트로피에 대해 어느 정도 이해하게 되었을 것이다. 그러나 여전히 찝찝함을 감출 수 없을 것이다. 정보량을 로그함수로 정의하는 것을 근본적으로 이해했다고 자신있게 말하기는 힘들 것이다. 무슨 말이냐 하면, 놀라움의 정도가 클수록 정보량이 크다는 것은 이해하겠는데 수많은 함수 중에서 하필이면 왜 로그함수로 정보량을 정의했는가? 예컨대, 확률 p에 대한 정보량을 $I(p)=\frac{1}{p}$으로 정의해도 되지 않느냐! 이렇게 정의해도 작은 확률일수록 정보량이 커지니까. 그 외에도 $I(p)=\frac{1}{p^2}$을 생각해 볼 수도 있다. 이제 정보량에 대해 좀더 수학적으로 고찰해 볼 때가 되었다.

다음과 같은 확률문제를 생각해 보자. 2개의 주사위를 동시에 던졌을 때 두 주사위 모두 짝수의 눈이 나올 확률은 얼마인가? 한쪽 주사위에서 짝수의 눈이 나오는 사건을 A이라 하고 다른쪽 주사위에서 짝수의 눈이 나오는 사건을 B이라고

하자. 그러면 구하는 확률은 $\Pr(A \cap B) = \frac{1}{4}$이다. 그런데 이 확률을

$$\Pr(A) \times \Pr(B) = \frac{1}{2} \times \frac{1}{2} = \frac{1}{4}$$

과 같이 구해도 된다. 이처럼 두 사건 A과 B이

$$\Pr(A \cap B) = \Pr(A) \times \Pr(B)$$

을 만족할 때 두 사건은 서로 독립이라고 한다.[11] 독립의 개념은 정보량을 정의할 때 핵심적 역할을 한다.

정보량에 대한 수학적 설명을 본격적으로 시작하겠다. 정보량 함수 $I(p)$가 다음 성질들을 만족하도록 정의하고 싶다. 과연 아래의 세 성질들을 만족하는 함수가 존재할까?

(1)	$I(p) \geq 0$
(2)	서로 독립일 때 $I(p_1 p_2) = I(p_1) + I(p_2)$
(3)	$I(p)$는 연속함수

성질(1)은 쉽게 유추해낼 수 있다. 이것은 확률값이 음수가 될 수 없다는 것과 비슷하다. 성질(1)에 대해서는 그다지 설명할 것이 없다.

성질(2)은 쉽게 유추할 수 있는 것은 아니지만, 그렇다고 이해하는 것까지 어려운 것은 아니다. 고등학교 수학 시간에 확률을 공부한 사람이라면 "아! 그렇구나!" 하고 느낄 수 있을 만한 성질이다. 수식으로 표현한 성질(2)을 쉬운 말로 풀어쓸 수 있다. 성질(2)은 별개의 사건의 합에 대한 정보량이 각 사건의 정보량의 합과 같다는 것을 의미한다. 이런 의미에서 정보량을 $I(p) = \frac{1}{p}$으로 정의할 수 없다. 왜냐하면 정보량을 $I(p) = \frac{1}{p}$으로 정의할 경우 $I(p_1 p_2) = \frac{1}{p_1 p_2}$이고 $I(p_1) + I(p_2) = \frac{1}{p_1} + \frac{1}{p_2}$이어서 $I(p_1 p_2) \neq I(p_1) + I(p_2)$이기 때문이다. 즉 정보량을 $I(p) = \frac{1}{p}$으로 정의하면 별개의 사건의 합에 대한 정보량이 각 사건의 정보량의 합과 다르게 된다.

성질(3)은 무엇을 뜻하는 걸까? 정보량 함수가 연속함수라는 것은 모든 확률값

---

[11] 서로 독립이 아닌 두 사건은 종속이라고 한다. 즉

$$\Pr(A \cap B) \neq \Pr(A) \times \Pr(B)$$

이 성립할 때 두 사건은 종속이다.

에 대하여 정보량을 정의할 수 있다는 것이다. 즉 어떤 특정 확률값에서만 정보량을 정의할 수 있는 것이 아니라는 말이다.

그렇다면 위의 세 성질들을 만족하는 함수가 존재할까? 존재한다. 바로 로그함수가 위의 성질들을 모두 만족한다. 그렇다고 해서 $I(p) = \log_2 p$처럼 정의하면 안된다. 왜냐하면 $0 \le p \le 1$일 때 $-\infty \le \log_2 p \le 0$이 되어 성질(1)에 위배되기 때문이다. 다행히도 이러한 문제점을 해결하는 것은 간단하다. 단순히 음의 부호만 추가적으로 붙여 $I(p) = -\log_2 p$과 같이 정의하면 된다. 물론 $\log_2 p$에 어떤 음수를 곱해도 위의 성질들을 만족하기는 하지만, 굳이 그렇게 할 필요성은 없어 보인다.

【1】 정보량을 $I(p) = \frac{1}{p^2}$로 정의하면, 본문의 세 가지 성질을 만족시키는가?

【2】 본문의 세 가지 성질을 만족시키는 $I(p) = \frac{1}{p^n}$의 형태가 존재하는가?

【3】 정보량을 $I(p) = \frac{1}{2^p}$로 정의하면, 본문의 세 가지 성질을 만족시키는가?

I 수학도깨비의 충고

【1】~【3】 정보량에 대한 이해를 깊게 해줄 수 있는 문항들이다. 비교적 간단히 해결할 수 있다.

II 수학도깨비의 친절한 설명

【1】 정보량을 $I(p)=\frac{1}{p^2}$로 정의하면, $I(p_1p_2)=\frac{1}{{p_1}^2{p_2}^2}$이고 $I(p_1)+I(p_2)=\frac{1}{{p_1}^2}+\frac{1}{{p_2}^2}$이다. 그러므로

$$\frac{1}{{p_1}^2{p_2}^2}=\frac{1}{{p_1}^2}+\frac{1}{{p_2}^2}$$

이 성립해야 한다.

양변에 ${p_1}^2{p_2}^2$을 곱하면

$$1={p_1}^2+{p_2}^2$$

으로 된다. 그런데 임의의 p_1과 p_2에 대하여 이 관계식이 항상 성립하는 것이 아니므로, 성질(2)을 만족시키지 않는다.

【2】 $\frac{1}{p^n}$에 p 대신 p_1p_2을 대입하면

$$\frac{1}{{p_1}^n{p_2}^n}$$

이다. 그러므로 임의의 p_1과 p_2에 대하여

$$\frac{1}{{p_1}^n{p_2}^n}=\frac{1}{{p_1}^n}+\frac{1}{{p_2}^n}$$

을 만족시키는 실수 n가 존재하는지 따져보면 된다.

양변에 ${p_1}^n{p_2}^n$을 곱하면

$$1 = {p_1}^n + {p_2}^n$$

이다. 그런데 임의의 p_1과 p_2에 대하여 이 관계식이 항상 성립하는 것이 아니므로, 성질(2)을 만족시키지 않는다. 결국 존재하지 않는다는 결론을 내릴 수 있다.

【3】 정보량을 $I(p) = \frac{1}{2^p}$로 정의하면, $I(p_1 p_2) = \frac{1}{2^{p_1 p_2}}$이고 $I(p_1) + I(p_2) = \frac{1}{2^{p_1}} + \frac{1}{2^{p_2}}$ 이다. 그러므로

$$\frac{1}{2^{p_1 p_2}} = \frac{1}{2^{p_1}} + \frac{1}{2^{p_2}}$$

이 성립해야 한다.

양변에 $2^{p_1 p_2}$을 곱하면

$$1 = 2^{p_1 p_2 - p_1} + 2^{p_1 p_2 - p_2}$$

으로 된다. 그런데 임의의 p_1과 p_2에 대하여 이 관계식이 항상 성립하는 것이 아니므로, 성질(2)을 만족시키지 않는다.

III 로그함수 말고 다른 가능한 함수는 없는가

로그함수가 본문의 세 성질들을 만족시킨다는 사실은 쉽게 이해할 수 있다. 그렇다면 로그함수가 아닌 다른 함수들 중에서 세 성질들을 만족시키는 함수가 존재할지 궁금할 것이다. 본 책에서 증명하지는 않겠지만, 그런 함수는 존재하지 않는다. 수많은 함수들 중에서 오로지 로그함수만 세 성질들을 만족한다. 정보원의 엔트로피를 로그함수로만 정의할 수 있는 것이다.

4th 소스알파벳과 코드알파벳

지금까지 정보원이라는 용어가 여러 번 등장했다. 정보원에서는 메시지가 발생된다. 이때 메시지를 구성하는 모든 기호를 모아놓은 집합을 소스알파벳이라고 한다. 어렵게 생각할 필요 전혀 없다. 보기를 들어 영문 알파벳 문자 모두를 원소들로 가지는 집합 $S = \{\mathrm{a, b, c}, \cdots, \mathrm{x, y, z, A, B, C}, \cdots, \mathrm{X, Y, Z}\}$은 소스알파벳이다.

그렇다면 코드알파벳은 또 뭔가? 통신채널을 통해 우리가 메시지를 전송할 때, 대부분의 경우 메시지는 0 또는 1로 구성된 문자열로 변환된다. 이때 0와 1를 원소로 가지는 집합 $C = \{0,1\}$이 바로 코드알파벳이다. 즉 코드알파벳은 정보를 전송할 때 사용되는 모든 기호들을 원소로 가지는 집합이다.

코드알파벳의 원소의 개수가 q일 때, 그 신호시스템을 기수 q의 시스템이라고 말한다. 현대의 시스템은 대부분 코드알파벳이 $\{0,1\}$이므로, 기수는 2인 것이다. 기수가 2가 아닌 좋은 보기로 모스 부호를 들 수 있다. 모스 부호는 기수 3 시스템이다. 즉, 모스 부호의 경우 코드알파벳의 원소의 개수는 3이다. 모스 부호에 대해서는 추후 자세히 살펴볼 것이다.

2개의 용어에 대해서 추가적으로 설명하고자 한다. 'a'→0, 'b'→1, 'c'→10, 'd'→11로 대응시키는 부호화 방법이 사용된다고 할 때 0, 1, 10, 11을 부호어(codeword)라고 한다. 그러니까 부호어는 부호화기를 통과한 메시지가 변환되어 발생한 문자열을 말한다. 그리고 부호어들의 전체집합을 부호(code)라고 한다.

5th 길이 n의 q진부호의 정보율

부호는 부호어들을 원소로 하는 집합이라고 설명했다.

길이 n의 q진부호 $\mathcal{C}$라는 것은 각 부호어들이 n개의 문자들로 구성되어 있고 코드알파벳의 원소의 개수가 q 인 부호 $\mathcal{C}$ 를 말한다. 구체적인 보기로, 부호 $\mathcal{C} = \{\mathrm{ZYXYZX, ZYXZXY, YZXYZX, ZYXZYX, YXZYZX}\}$ 는 길이 6의 3진부호(ternary code)이다. 앞에서 배운 기수 q와 방금 배운 q진부호가 뭐가 다르냐고 생각할 것이다. 다르지 않다. 동일한 것을 의미한다.

또한 부호어들의 전체 개수를 $|\mathcal{C}|$로 표현한다. 위의 보기에서는 $|\mathcal{C}| = 5$이다.

우리는 각 부호어들을 벡터로 취급할 수도 있다. 즉, 코드알파벳을 C이라고 하면, 부호어들은 C^n에서 정의된 벡터이다. 사실, 부호화이론을 제대로 공부하려면 부호어를 벡터로 취급하는 사고방식이 필요하다. 하지만 본 책에서는 그런 사고방식까지 필요하지 않다.

또한, 길이 n 인 2진부호 $\mathcal{C}$ 의 정보율(information rate)을 $\frac{\log_2|\mathcal{C}|}{n}$ 으로 정의한다. 만약 $\mathcal{C} = \{000,111\}$이라면, 정보율은 $\frac{\log_2 2}{3} = \frac{1}{3}$이다. 만약 0과 1로 이루어져 있고 길이가 4인 가능한 모든 메시지 $x_1x_2x_3x_4$ 를 어떤 부호기를 통해 길이가 7인 메시지 $x_1x_2x_3x_4x_5x_6x_7$로 전환하여 전송한다면, 정보율은 $\frac{\log_2 16}{7} = \frac{4}{7}$이다.

길이 n인 2진부호 $\mathcal{C}$에 대해 일반적으로 $1 \le |\mathcal{C}| \le 2^n$이 성립하므로, 정보율의 최솟값은 0이고 최댓값은 1이다.

【1】 부호 $\{000,011,101,110\}$의 정보율은 얼마인가?

【2】 부호 $\{0000,0011,0101,0110,1001,1010,1100,1111\}$의 정보율은 얼마인가?

I 수학도깨비의 충고

【1】~【2】 부호의 길이와 부호 집합의 원소 개수만 알면 계산할 수 있다.

II 수학도깨비의 친절한 설명

【1】 길이 3인 2진부호이므로 정보율은 $\frac{\log_2 4}{3} = \frac{2}{3}$이다.

【2】 길이 4인 2진부호이므로 정보율은 $\frac{\log_2 8}{4} = \frac{3}{4}$이다.

6th 복호의 유일성

당연한 이야기를 한 가지 하겠다. 수신된 메시지는 유일하게 결정될 수 있어야 한다. 복호화가 유일하게 되어야 한다는 말인데, 이것은 임의의 부호어의 끝나는 곳과 그 다음 부호어의 시작 지점이 명백하게 구분될 수 있음을 의미한다.

소스알파벳이 $S = \{\mathrm{a, b, c, d}\}$이고 코드알파벳이 $C = \{0,1\}$이며 부호화기에서는 'a'→0, 'b'→1, 'c'→10, 'd'→11로 대응시키는 2진부호화 방법이 사용된다고 하자. 문자열 'bc'을 보내는 것이 목적이라면, 이 문자열은 '110'로 부호화된 후 전송된다. 그런데 복호화기가 문자열 '110'을 원래의 메시지가 아닌 'da'로 복호화할 수도 있다. 따라서 부호화기가 부호화를 수행할 때 사용되는 알고리즘을 최종적으로 결정하기 전에 우리는 복호화기가 유일하게 복호화를 수행할 수 있는지 반드시 따져봐야 한다.

모든 부호어들의 길이가 동일하다면 당연히 유일하게 복호화할 수 있다. 복호화기는 동일한 그 길이마다 수신된 문자열을 자른 후 복호화를 수행하면 될 뿐이다. 그러니까 부호어들의 길이가 동일한 부호체계는 유일하게 복호화할 수 있는 부호체계의 부분집합이다. 쉬운 이야기이다!

하지만, 유일하게 복호화할 수 있다고 해서 모든 부호어들의 길이가 동일한 것은 아니다.

【1】 모든 부호어들의 길이가 동일한 것은 아니지만 유일하게 복호화할 수 있는 부호체계의 보기를 들어 보아라.

I 수학도깨비의 충고

【1】 너무 수학적으로 생각하면 까다롭게 느껴질 수 있다. 편하게 상식적으로 생각해 보자.

II 수학도깨비의 친절한 설명

【1】 'a'→000, 'b'→11, 'c'→22로 대응시키는 3진부호화는 문항의 조건을 만족시킨다.

7th 허프만[12] 부호화의 기초

독자여러분들은 지금부터 허프만 부호화 알고리즘이라는 것을 공부한다. 이 부호화 알고리즘은 허프만의 1952년 논문인 *A Method for the Construction of Minimum-Redundancy Codes*에 기인한다. 허프만 알고리즘에 관해 그 유명한 *The Art of Computer Programming*의 저자인 커누스[13]는 "허프만 부호는 컴퓨터과학 및 데이터통신 분야의 사람이 항상 사용하고 있는 기본적인 아이디어이다."라고 평가한다.

이번 chapter에서는 일단 이 알고리즘의 개념을 확실히 이해하는 것을 목표로 기본적인 개념을 공부하자.

4종류의 알파벳문자로 구성된 정보원 $S_4 = \{A, B, C, D\}$가 있다고 하자. 정보원에서 발생하는 문자는 부호화기에 입력되어, 디지털 비트로 변환된 결과가 출력되어 송신기로 들어간다. 이 부호화기에서는 'A'→00, 'B'→01, 'C'→10, 'D'→11로 단순히 각각 2비트로 대응시키는 부호화 방법이 사용된다고 하자. 그러니까 부호어 길이는 모두 2비트이다. 복호화기에서는 역방향으로 00→'A', 01→'B', 10→'C', 11→'D'로 복원하여 메시지를 재생한다. 정보원에서 발생한 'ABDC'라는 문자열은 '00011110'로 변환되어 전송될 것이다. 수신측의 복호화기는 '00011110'을 2비트씩 끊어서 'ABDC'로 복원할 것이다.

이번에는 50개의 알파벳 문자들로 구성되어 있는 문자열 'AAAAAAAAAABAAAAAAAAAAAAAAAAAAAAAACABADAABAAABAAAAAAD'을 생각해 보자. 이 문자메시지를 앞의 방법으로 부호화하자. 즉, 이번에도 부호어들의 길이를 모두 2비트로 하면, 50문자는 모두 100비트로 변환되어 전송된다. 그러나 이 문자열을 분석해 보면, 'A'는 43개, 'B'는 4개, 'C'는 1개, 'D'는 2개이므로 'A'의 발생확률이 매우 높음을 알 수 있다. 정보원에서 메시지 발생 빈도가 균등하지 않을 경

---

12 David A. Huffman. Born: 9 Aug1925. Died: 7 Oct 1999.

13 Donald E. Knuth

우, 전송비트수를 줄이는 압축방법을 사용하면 전송효율은 높아질 것이다. 정보압축의 한 방법으로서 발생확률이 높은 'A'는 짧은 비트로, 발생확률이 낮은 'B', 'C', 'D'는 긴 비트로 대응시키는 부호화 방법이 있다. 이 경우 각각의 문자는 길이가 다른 비트로 표현되므로, 복호화기가 혼동 없이 식별할 수 있는 방법으로 부호화하여야 한다.

【1】 50개의 알파벳 문자들로 구성되어 있는 위의 문자열에 적용할 수 있는 부호를 찾아내는 방법을 제시하고, 그 논리를 설명하시오. 또한 이 경우 위의 문자 메시지를 전송하는데 소요되는 비트수를 계산하여라.

【2】 위의 문항에서 압축률은 얼마인가?

【3】 5종류의 알파벳 메시지로 구성된 정보원에 대해서는 어떻게 부호화하면 될까?

【4】 6종류의 알파벳 메시지로 구성된 정보원에 대해서는 어떻게 부호화하면 될까?

【5】 7종류의 알파벳 메시지로 구성된 정보원에 대해서는 어떻게 부호화하면 될까?

【6】 8종류의 알파벳 메시지로 구성된 정보원에 대해서는 어떻게 부호화하면 될까?

I 수학도깨비의 충고

【1】 복호화기가 혼동 없이 식별할 수 있어야 한다는 것이 핵심이다.

【2】 압축 이후의 크기를 압축 이전의 크기로 나누면 압축률이 계산된다.

【3】~【6】 복호화기가 혼동 없이 식별할 수 있어야 한다는 것이 핵심이다.

II 수학도깨비의 친절한 설명 ·

【1】 부호화기에서 'A'→1, 'B'→011, 'C'→001, 'D'→000로 부호화한다고 하자. 그러면 문자열 전체가

$$1\text{비트} \times 43 + 3\text{비트} \times 7 = 64\text{비트}$$

로 변환되어 전송된다. 이런 방법으로 부호화하면 단순히 각각 2비트로 대응시키는 부호화 방법보다 훨씬 전송효율이 좋음을 알 수 있다. 문제는 복호화기가 혼동 없이 식별할 수 있느냐이다. 주어진 원래의 문자열을 부호화하면 '1111111111011111111111111111111111001101110001101111101111111111000'이다. 이 부호화된 문자열을 복호화기가 제대로 복호화하는지 따져 보자.

B, C, D는 셋 다 0로 시작하므로 부화화된 문자열에서 처음의 '1111111111'은 'AAAAAAAAAA'로 복호화된다.

그 다음은 0가 한 번 나온 후 1가 한 번 나온다. 이것을 만족하는 것은 B 뿐이다. 따라서 부호화된 문자열의 11번째부터 13번째까지는 B로 복호화된다.

그 다음 14번째부터 33번째까지는 0가 없이 계속 1만 이어진다. 따라서 14번째부터 33번째까지는 모두 A로 복호화된다.

34번째는 0인데 35번째도 0이다. 이 2가지를 만족시키는 것은 C와 D이다. 그런데 36번째가 1이므로 34번째부터 36번째까지는 C로 복호화된다.

37번째는 1이다. 이것은 A로 복호화하면 된다.

그 다음 38번째는 0이고 39번째는 1이다. 이것을 만족시키는 것은 B 뿐이다. 따라서 굳이 확인해 보지 않아도 40번째는 1이어야 함을 알 수 있고 실제 확인해 봐도 그렇다.

41번째는 1이다. 이것은 A로 복호화하면 된다.

42번째는 0이고 43번째도 0이다. 이 2가지를 만족시키는 것은 C와 D이다. 그런데 44번째도 0이므로 42번째부터 44번째까지는 D로 복호화된다.

45번째는 1이다. 이것은 A로 복호화하면 된다.

46번째는 1이다. 이것은 A로 복호화하면 된다.

그 다음 47번째는 0이고 48번째는 1이다. 이것을 만족시키는 것은 B 뿐이다. 따라서 굳이 확인해 보지 않아도 49번째는 1이어야 함을 알 수 있고 실제 확인해 봐도 그렇다.

50번째부터 52번째까지는 계속 1이다. 이것은 'AAA'로 복호화하면 된다.

그 다음 53번째는 0이고 54번째는 1이다. 이것을 만족시키는 것은 B 뿐이다. 따라서 굳이 확인해 보지 않아도 55번째는 1이어야 함을 알 수 있고 실제 확인해 봐도 그렇다.

56번째부터 61번째까지는 계속 1이다. 이것은 'AAAAAA'로 복호화하면 된다.

마지막 '000'은 'D'로 복호화하면 된다.

결론적으로 복호화기는 아무 문제없이 원래의 문자열로 변환하는 것이 가능하다.

【2】 압축 이전에는 100비트였던 것이 압축 이후에는 64비트로 줄었으므로 압축률은 64%이다.

【3】 5종류의 알파벳 메시지로 구성된 정보원에 대해서는 발생빈도가 높은 알파벳 순으로 $11, 01, 00, 101, 100$로 부호화하면 된다.

【4】 6종류의 알파벳 메시지로 구성된 정보원에 대해서는 발생빈도가 높은 알파벳 순으로 $10, 01, 11, 001, 0001, 0000$로 부호화하면 된다.

【5】 7종류의 알파벳 메시지로 구성된 정보원에 대해서는 발생빈도가 높은 알파벳 순으로 $1, 011, 010, 001, 0001, 00001, 00000$로 부호화하면 된다.

【6】 8종류의 알파벳 메시지로 구성된 정보원에 대해서는 발생빈도가 높은 알파벳 순으로 $1, 001, 011, 010, 0001, 00001, 000001, 000000$로 부호화하면 된다.

III 주의사항

문항【2】을 제외한 모든 문항에 대하여 수학도깨비가 서술한 것만이 정답인 것은 아니다. 서술된 것 외에도 다양하게 생각해 볼 수 있다.

8th 발생빈도가 모두 다를 때 허프만 2진부호 생성 알고리즘

방금 우리는 메시지가 알파벳 4종류~8종류로 구성된 여러 가지 경우에 대해 압축을 수행하는 것에 대해서 공부했다. 목적은 주어진 메시지에 대해 가급적 효율적인 부호를 찾는 것이었다. 과학에서 효율적이라는 말을 종종 쓴다. 과학에서 효율성이라는 말을 쓸 때는 명확하다. 쉽게 말하자면, 입력이 똑같을 때 출력이 높을수록 더 효율적인 것이다. 다른 말로 하면, 입력이 똑같을 때 낭비되는 양이 적을수록 더 효율적이다. 우리가 좀전에 공부한 것은 주어진 메시지에 대해 가능한 한 효율적인 부호어들을 찾는 것이었다. 앞서의 논의를 좀더 체계적으로 공부해 보자. 이번에는 허프만 부호화라는 것을 고찰해 볼 것이다.

소스알파벳이 $S = \{A, B, C, D, E\}$이고 코드알파벳이 $C = \{0,1\}$인 시스템을 생각하자. A의 발생빈도는 0.33, B의 발생빈도는 0.25, C의 발생빈도는 0.2, D의 발생빈도는 0.15, E의 발생빈도는 0.07라고 하자. 지금부터 각 알파벳문자에 적절한 부호어를 할당하는 허프만 부호화 알고리즘을 설명한다.

발생빈도가 줄어드는 순서로 각각의 기호를 나열한다.

A 0.33
B 0.25
C 0.20
D 0.15
E 0.07

마지막 두 행의 발생빈도를 합하여 새로운 발생빈도를 만든다. 그리고 발생빈도 내림차순으로 재배치한다. 최종 2개의 발생빈도만 남을 때가지 이 단계를 반복한다.

A 0.33	0.33	0.42	0.58
B 0.25	0.25	0.33	0.42
C 0.20	0.22	0.25	
D 0.15	0.20		
E 0.07			

가장 마지막 남은 두 발생빈도 중 위의 것에는 0를 할당하고 아래 것에는 1를

할당한다.

A 0.33		0.33		0.42		0.58	0
B 0.25		0.25		0.33		0.42	1
C 0.20		0.22		0.25			
D 0.15		0.20					
E 0.07							

왼쪽으로 보면 동일한 0.42가 있다. 이처럼 동일한 발생빈도의 경우에는 이전 단계에서 할당한 1를 그대로 써준다. 또한 0.33와 0.25는 0.58를 쪼갠 것이다. 이런 경우에는 이전 단계에서 할당한 0를 양쪽에 다 써준 후 위쪽에 위치한 0.33에는 0를, 아래쪽에 위치한 0.25에는 1를 각각 추가적으로 할당한다.

A 0.33		0.33		0.42	1	0.58	0
B 0.25		0.25		0.33	00	0.42	1
C 0.20		0.22		0.25	01		
D 0.15		0.20					
E 0.07							

그 다음 왼쪽으로 보면 동일한 0.33와 0.25가 있다. 이처럼 동일한 발생빈도의 경우에는 이전 단계에서 할당한 00와 01를 그대로 써준다. 또한 0.22와 0.2는 0.42를 쪼갠 것이다. 이런 경우에는 이전 단계에서 할당한 1를 양쪽에 다 써준 후 위쪽에 위치한 0.22에는 0를, 아래쪽에 위치한 0.2에는 1를 각각 추가적으로 할당한다.

A 0.33		0.33	00	0.42	1	0.58	0
B 0.25		0.25	01	0.33	00	0.42	1
C 0.20		0.22	10	0.25	01		
D 0.15		0.20	11				
E 0.07							

그 다음 왼쪽으로 보면 동일한 0.33와 0.25와 0.2가 있다. 이처럼 동일한 발생빈도의 경우에는 이전 단계에서 할당한 00와 01와 11를 그대로 써준다. 또한 0.15와 0.07는 0.22를 쪼갠 것이다. 이런 경우에는 이전 단계에서 할당한 10를 양쪽에 다 써준 후 위쪽에 위치한 0.15에는 0를, 아래쪽에 위치한 0.07에는 1를 각각 추가적으로 할당한다.

A 0.33	00	0.33	00	0.42	1	0.58	0
B 0.25	01	0.25	01	0.33	00	0.42	1

C 0.20	11	0.22	10	0.25	01		
D 0.15	100	0.20	11				
E 0.07	101						

이제 다 끝났다. 부호화기는 'A'→00, 'B'→01, 'C'→11, 'D'→100, 'E'→101로 부호화하면 된다.

그럼 위와 같이 부호화하면 얼마나 좋은지 알아보자.

5개 부호어의 평균길이를 계산해 보면

$$\begin{aligned} &0.33 \times 2\text{비트} + 0.25 \times 2\text{비트} + 0.2 \times 2\text{비트} + 0.15 \times 3\text{비트} + 0.07 \times 3\text{비트} \\ &= (0.33 + 0.25 + 0.2) \times 2\text{비트} + (0.15 + 0.07) \times 3\text{비트} \\ &= 0.78 \times 2\text{비트} + 0.22 \times 3\text{비트} = 2.22\text{비트} \end{aligned}$$

이다. 소스알파벳의 원소개수가 5개인 경우 기본적으로 각 기호당 3비트를 써야 한다. 따라서 허프만 부호화법을 적용하면 훨씬 이득임을 알 수 있다.

【1】 부호어의 평균길이가 줄어들었다. 하지만 복호화기가 제대로 복호화할 수 있는지 여부를 아직 따져보지 않았다. 10개의 문자들로 구성된 메시지를 임의로 만든 후 복호화가 제대로 되는지 검증해 보아라.

【2】 정보원의 엔트로피를 구하여라.

【3】 본문의 상황에서 허프만 부호화기는 'A'→00, 'B'→01, 'C'→11, 'D'→100, 'E'→101로 부호화했다. 만약 본문처럼 부호화하는 대신 'A'→0, 'B'→100, 'C'→101, 'D'→110, 'E'→111로 부호화해도 유일하게 복호화된다. 이때 부호어의 평균길이를 계산해 보고 그 결과를 본문의 경우와 비교하여라.

【4】 소스알파벳이 $S = \{A, B, C, D, E\}$이고 코드알파벳이 $C = \{0,1\}$인 시스템을 생각하자. A의 발생빈도는 0.4, B의 발생빈도는 0.25, C의 발생빈도는 0.2, D의 발생빈

도는 0.15, E의 발생빈도는 0라고 하자. 각 알파벳에 대해 적절한 부호어를 할당하는 허프만 부호화 알고리즘을 설명하여라.

【문5】 문항【4】의 경우 5개 부호어의 평균길이를 계산하여라.

【문6】 문항【4】의 경우 정보원의 엔트로피를 구하여라.

I 수학도깨비의 충고

【1】 확실히 이해하려면 여러 가지 문자열에 대해 검증해 보는 것이 좋다.

【2】 엔트로피에 대해서는 이미 여러 번 다루었으니 엔트로피 계산에 어려움을 겪지는 않을 것이다.

II 수학도깨비의 친절한 설명

【1】 문자열 'BEDCAEDBCB'을 부호화하면 '0110110011001011000111101'이다. 과연 복호화기가 제대로 복호할 수 있을까?

0로 시작하는 것은 A과 B이다. 그러나 그 다음에 1인 것은 B뿐이다.

1로 시작하는 것은 C과 D과 E이다. 그 다음은 0인데 이것을 만족하는 것은 D과 E이다. 그러나 그 다음 1 때문에 E로 복호화된다.

그 다음 100는 D로 복호화된다.

그 다음 11는 C에 대응된다.

그 다음 00는 A로 복호화된다.

그 다음 101는 E로 복호화된다.

그 다음 100는 D로 복호화된다.

그 다음 01는 B로 복호화된다.

그 다음 11는 C로 복호화된다.

그 다음 01는 B로 복호화된다.

유일하게 복호화됨을 알 수 있다.

【2】 아래의 식

$$\log_2\left(\frac{1}{0.33}\right)^{0.33}\left(\frac{1}{0.25}\right)^{0.25}\left(\frac{1}{0.2}\right)^{0.2}\left(\frac{1}{0.15}\right)^{0.15}\left(\frac{1}{0.07}\right)^{0.07} = 2.17131$$

에 의해 정보원의 엔트로피는 2.17비트이다.

【3】 5개 부호어의 평균길이를 계산해 보면

$$\begin{aligned} &0.33 \times 1\text{비트} + 0.25 \times 3\text{비트} + 0.2 \times 3\text{비트} + 0.15 \times 3\text{비트} + 0.07 \times 3\text{비트} \\ &= 0.33 \times 1\text{비트} + (0.25 + 0.2 + 0.15 + 0.07) \times 3\text{비트} \\ &= 0.33\text{비트} + 2.01\text{비트} = 2.34\text{비트} \end{aligned}$$

이다. 모든 부호어를 3비트로 할당시키는 것보다는 훨씬 좋지만, 본문에서 계산한 2.22비트보다는 조금 나쁘다는 사실을 알 수 있다.

【4】 발생빈도가 줄어드는 순서로 알파벳문자들을 나열한다.

A 0.40
B 0.25
C 0.20
D 0.15
E 0.00

마지막 두 행의 발생빈도를 합하여 새로운 발생빈도를 만든다. 그리고 발생빈도 내림차순으로 재배치한다. 최종 2개의 발생빈도만 남을 때가지 이 단계를 반복한다.

A 0.40	0.40	0.40	0.60
B 0.25	0.25	0.35	0.40
C 0.20	0.20	0.25	
D 0.15	0.15		
E 0.00			

가장 마지막 남은 두 발생빈도 중 위의 것에는 0를 할당하고 아래 것에는 1를 할당한다.

A 0.40		0.40		0.40		0.60	0
B 0.25		0.25		0.35		0.40	1
C 0.20		0.20		0.25			
D 0.15		0.15					
E 0.00							

왼쪽으로 보면 동일한 0.4가 있다. 이처럼 동일한 발생빈도의 경우에는 이전 단계에서 할당한 1를 그대로 써준다. 또한 0.35와 0.25는 0.6를 쪼갠 것이다. 이런 경우에는 이전 단계에서 할당한 0를 양쪽에 다 써준 후 위쪽에 위치한 0.35에는 0를, 아래쪽에 위치한 0.25에는 1를 각각 추가적으로 할당한다.

A 0.40		0.40		0.40	1	0.60	0
B 0.25		0.25		0.35	00	0.40	1
C 0.20		0.20		0.25	01		
D 0.15		0.15					
E 0.00							

그 다음 왼쪽으로 보면 동일한 0.4와 0.25가 있다. 이처럼 동일한 발생빈도의 경우에는 이전 단계에서 할당한 1와 01를 그대로 써준다. 또한 0.2와 0.15는 0.35를 쪼갠 것이다. 이런 경우에는 이전 단계에서 할당한 00를 양쪽에 다 써준 후 위쪽에 위치한 0.2에는 0를, 아래쪽에 위치한 0.15에는 1를 각각 추가적으로 할당한다.

A 0.40		0.40	1	0.40	1	0.60	0
B 0.25		0.25	01	0.35	00	0.40	1
C 0.20		0.20	000	0.25	01		
D 0.15		0.15	001				
E 0.00							

그 다음 왼쪽으로 보면 동일한 0.4와 0.25와 0.2와 0.15가 있다. 이처럼 동일한 발생빈도의 경우에는 이전 단계에서 할당한 1와 01와 000와 001를 그대로 써준다. 또한 발생빈도가 0인 E에는 할당해 줄 필요가 없다.

A 0.40	1	0.40	1	0.40	1	0.60	0
B 0.25	01	0.25	01	0.35	00	0.40	1
C 0.20	000	0.20	000	0.25	01		
D 0.15	001	0.15	001				
E 0.00							

이제 다 끝났다. 부호화기는 'A'→1, 'B'→01, 'C'→000, 'D'→001로 부호화하면 된

다.

【5】 5개 부호어의 평균길이를 계산해 보면

$$0.4 \times 1\text{비트} + 0.25 \times 2\text{비트} + 0.2 \times 3\text{비트} + 0.15 \times 3\text{비트}$$
$$= 0.4\text{비트} + 0.5\text{비트} + 1.05\text{비트} = 1.95\text{비트}$$

이다. 소스알파벳의 원소개수가 5개인 경우 기본적으로 각 기호당 3비트를 써야 한다. 따라서 허프만 부호화법을 적용하면 훨씬 이득임을 알 수 있다.

【6】 아래의 식

$$\log_2 \left(\frac{1}{0.4}\right)^{0.4} \left(\frac{1}{0.25}\right)^{0.25} \left(\frac{1}{0.2}\right)^{0.2} \left(\frac{1}{0.15}\right)^{0.15} = 1.9037$$

에 의해 정보원의 엔트로피는 1.9비트이다.

9th 발생빈도가 일부 같을 때 허프만 2진부호 생성 알고리즘

상황에 따라서는 소스알파벳 집합에서 2개 이상의 원소들의 발생빈도가 동일할 수 있다. 이런 경우에도 허프만 부호어들을 문제없이 생성할 수 있다.

소스알파벳이 $S = \{A, B, C, D, E\}$이고 코드알파벳이 $C = \{0,1\}$인 시스템을 생각하자. A의 발생빈도는 0.38, B의 발생빈도는 0.22, C의 발생빈도는 0.15, D의 발생빈도는 0.15, E의 발생빈도는 0.1라고 하자. 지금부터 각 알파벳문자에 대해 적절한 부호어를 할당하는 허프만 부호화 알고리즘을 설명한다.

발생빈도가 줄어드는 순서로 각각의 기호를 나열한다.

A 0.38
B 0.22
C 0.15
D 0.15
E 0.10

마지막 두 행의 발생빈도를 합하여 새로운 발생빈도를 만든다. 그리고 발생빈도 내림차순으로 재배치한다. 최종 2개의 발생빈도만 남을 때가지 이 단계를 반복한다.

A 0.38	0.38	0.38	0.62
B 0.22	0.25	0.37	0.38
C 0.15	0.22	0.25	
D 0.15	0.15		
E 0.10			

가장 마지막 남은 두 발생빈도 중 위의 것에는 0를 할당하고 아래 것에는 1를 할당한다.

A 0.38		0.38		0.38		0.62	0
B 0.22		0.25		0.37		0.38	1
C 0.15		0.22		0.25			
D 0.15		0.15					
E 0.10							

왼쪽으로 보면 동일한 0.38가 있다. 이처럼 동일한 발생빈도의 경우에는 이전 단계에서 할당한 1를 그대로 써준다. 또한 0.37와 0.25는 0.62를 쪼갠 것이다. 이런 경우에는 이전 단계에서 할당한 0를 양쪽에 다 써준 후 위쪽에 위치한 0.37에는 0를, 아래쪽에 위치한 0.25에는 1를 각각 추가적으로 할당한다.

A 0.38		0.38		0.38	1	0.62	0
B 0.22		0.25		0.37	00	0.38	1
C 0.15		0.22		0.25	01		
D 0.15		0.15					
E 0.10							

그 다음 왼쪽으로 보면 동일한 0.38와 0.25가 있다. 이처럼 동일한 발생빈도의 경우에는 이전 단계에서 할당한 1와 01를 그대로 써준다. 또한 0.22와 0.15는 0.37를 쪼갠 것이다. 이런 경우에는 이전 단계에서 할당한 00를 양쪽에 다 써준 후 위쪽에 위치한 0.22에는 0를, 아래쪽에 위치한 0.15에는 1를 각각 추가적으로 할당한다.

A 0.38		0.38	1	0.38	1	0.62	0
B 0.22		0.25	01	0.37	00	0.38	1
C 0.15		0.22	000	0.25	01		
D 0.15		0.15	001				
E 0.10							

그 다음 왼쪽으로 보면 동일한 0.38와 0.22와 0.15가 있다. 이처럼 동일한 발생빈도의 경우에는 이전 단계에서 할당한 1와 000와 001를 그대로 써준다. 또한 다른 0.15와 0.1는 0.25를 쪼갠 것이다. 이런 경우에는 이전 단계에서 할당한 01를 양쪽에 다 써준 후 위쪽에 위치한 0.15에는 0를, 아래쪽에 위치한 0.1에는 1를 각각 추가적으로 할당한다.

A 0.38	1	0.38	1	0.38	1	0.62	0
B 0.22	000	0.25	01	0.37	00	0.38	1
C 0.15	001	0.22	000	0.25	01		
D 0.15	010	0.15	001				
E 0.10	011						

이제 다 끝났다. 부호화기는 'A'→1, 'B'→000, 'C'→001, 'D'→010, 'E'→011로 부호화하면 된다. 그럼 이렇게 부호화하면 얼마나 좋은지 알아보자.

5개 부호어의 평균길이를 계산해 보면

$$0.38 \times 1\text{비트} + 0.22 \times 3\text{비트} + 0.15 \times 3\text{비트} + 0.15 \times 3\text{비트} + 0.1 \times 3\text{비트}$$
$$= 0.38 \times 1\text{비트} + (0.22 + 0.15 + 0.15 + 0.1) \times 3\text{비트}$$
$$= 0.38 \times 1\text{비트} + 0.62 \times 3\text{비트} = 2.24\text{비트}$$

이다. 소스알파벳의 원소개수가 5개인 경우 기본적으로 각 기호당 3비트를 써야 한다. 따라서 허프만 부호화법을 적용하면 훨씬 이득임을 알 수 있다.

【1】 부호어의 평균길이가 줄어들었다. 하지만 복호화기가 제대로 복호화할 수 있는지 여부를 아직 따져보지 않았다. 10개의 문자들로 구성된 메시지를 임의로 만든 후 복호화가 제대로 되는지 검증해 보아라.

【2】 정보원의 엔트로피를 구하여라.

【3】 본문의 상황에서 허프만 부호화기는 'A'→1, 'B'→000, 'C'→001, 'D'→010, 'E'→011로 부호화했다. 만약 본문처럼 부호화하는 대신 'A'→00, 'B'→01, 'C'→11, 'D'→100, 'E'→101로 부호화해도 유일하게 복호화된다. 이때 부호어의 평균길이를 계산해 보고 그 결과를 본문의 경우와 비교하여라.

I 수학도깨비의 충고

【1】~【3】 발생빈도가 동일할 때와 비교하여 근본적으로 다르지 않다. 본문의 설명을 충분히 이해할 수 있을 것이다.

II 수학도깨비의 친절한 설명

【1】 문자열 'BEDCAEDBCB'을 부호화하면 '0000110100011011010000001000'이다. 과연 복호화기가 제대로 복호할 수 있을까?

0로 시작하는 것은 B과 C과 D과 E이다. 그러나 그 다음에 0인 것은 B과 D이다. 또한 그 다음에 0인 것은 B뿐이다.

0로 시작하는 것은 B과 C과 D과 E이다. 그 다음은 1인데 이것을 만족하는 것은 D과 E이다. 그러나 그 다음 1 때문에 E로 복호화된다.

그 다음 010는 D로 복호화된다.

그 다음 001는 C에 대응된다.

그 다음 1는 A로 복호화된다.

그 다음 011는 E로 복호화된다.

그 다음 010는 D로 복호화된다.

그 다음 000는 B로 복호화된다.

그 다음 001는 C로 복호화된다.

그 다음 0000는 B로 복호화된다.

유일하게 복호화됨을 알 수 있다.

【2】 아래의 식

$$\log_2 \left(\frac{1}{0.38}\right)^{0.38} \left(\frac{1}{0.22}\right)^{0.22} \left(\frac{1}{0.15}\right)^{0.15} \left(\frac{1}{0.15}\right)^{0.15} \left(\frac{1}{0.1}\right)^{0.1} = 2.16431$$

에 의해 정보원의 엔트로피는 2.16비트이다.

【3】 5개 부호어의 평균길이를 계산해 보면

$$\begin{aligned} &0.38 \times 2\text{비트} + 0.22 \times 2\text{비트} + 0.15 \times 2\text{비트} + 0.15 \times 3\text{비트} + 0.1 \times 3\text{비트} \\ &= (0.38 + 0.22 + 0.15) \times 2\text{비트} + (0.15 + 0.1) \times 3\text{비트} \\ &= 1.5\text{비트} + 0.75\text{비트} = 2.25\text{비트} \end{aligned}$$

이다. 모든 부호어를 3비트로 할당시키는 것보다는 훨씬 좋지만, 본문에서 계산한 2.24비트보다는 조금 나쁘다는 사실을 알 수 있다.

10th 산술부호화

허프만 부호화 알고리즘! 구현하기 쉽고 상당히 재미있는 알고리즘이라고 생각한다. 이번에 공부할 산술부호화 알고리즘은 더욱 재미있는 알고리즘이다. 수학도깨비는 산술부호화법이 허프만 부호화법보다도 더욱 흥미롭다고 생각한다.

산술부호화는 매우 독특한 알고리즘이다. 왜냐하면 원래의 메시지가 무엇이든지간에 부호화된 메시지가 항상 0와 1 사이의 실수이기 때문이다.

그런데 산술부호화 알고리즘을 구현하기가 어렵다는 사실보다 더욱 아쉬운 사실이 있다. 그것은 산술부호화 알고리즘에 특허가 걸려 있어 이 매력적인 알고리즘을 마음대로 적용하면 안된다는 사실이다. 특허의 주체는 IBM이다. IBM 자체의 저널에는 이 알고리즘에 대한 연구 논문이 여럿 실려 있다. 또한 IBM는 Q-coder라고 해서 새로운 형태의 산술부호화 알고리즘을 발전시켰다.

구체적인 상황을 설정하여 산술부호화 알고리즘의 힘을 느껴보자.

소스알파벳이 $\{A, B\}$이며 A의 발생확률이 0.7이고 B의 발생확률이 0.3이라고 하자. 허프만 부호화 알고리즘에 의하면, 메시지에 상관없이 A는 0로 부호화하고 B는 1로 부호화하면 된다. 물론 A는 1로 부호화하고 B는 0로 부호화해도 상관없다. 만약 메시지가 문자열 'BBBAABA'이라고 하자. 이 메시지를 허프만 부호화하면 부호화된 메시지의 길이는 7비트이다. 또한 엔트로피를 계산해 보면

$$-0.7\log_2 0.7 - 0.3\log_2 0.3 = 0.881291\text{비트}$$

이고 이것은 허프만 부호화를 적용할 때 2개 부호어의 평균길이인 1비트보다 작은 값임을 확인할 수 있다. 소스알파벳의 원소의 개수가 2인 상황에서는 메시지를 구성하는 문자들의 총개수와 부호화된 메시지를 구성하는 비트들의 총개수가 항상 일치한다. 그렇다면, 역시 동일한 상황에서 7비트보다 적은 비트가 되도록 부호화하는 것이 가능할까? 허프만 부호화법으로는 불가능하다. 그러나 매우 놀랍게도, 불가능할 것 같은 이러한 일이 산술부호화법으로는 가능하다.

이제 산술부호화 알고리즘을 설명할 건데 아래의 표를 보면서 표 밑의 설명을 읽어나가도록 하여라.

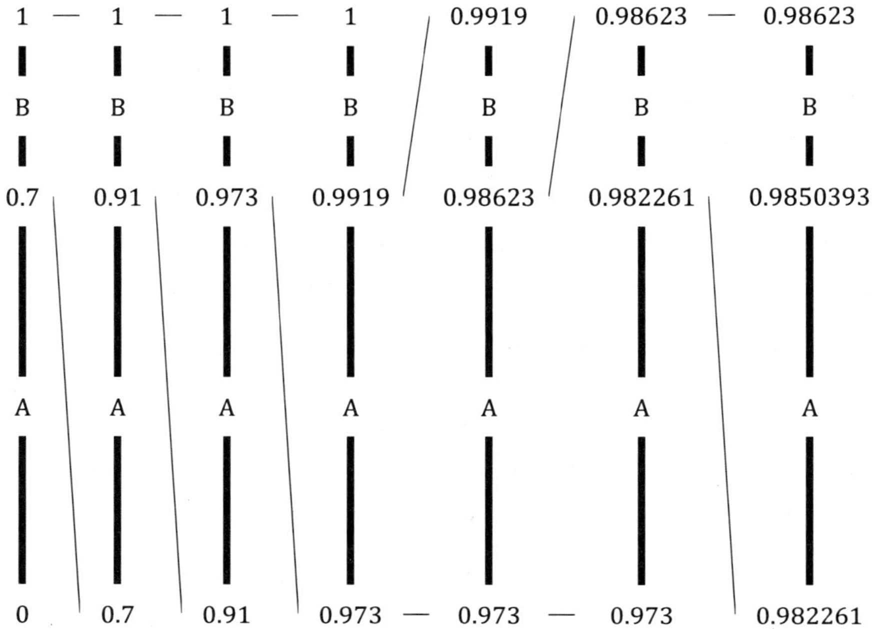

맨 처음으로 할 일은 A와 B의 확률에 비례하도록 구간 [0,1[을 나누는 것이다. 메시지의 1번째 문자인 B는 구간 [0.7,1[에 대응한다.

다음으로 A와 B의 확률에 비례하도록 [0.7,1[을 나눈다. 메시지의 2번째 문자인 B는 [0.91,1[에 대응한다.

다음으로 A와 B의 확률에 비례하도록 [0.91,1[을 나눈다. 메시지의 3번째 문자인 B는 [0.973,1[에 대응한다.

다음으로 A와 B의 확률에 비례하도록 [0.973,1[을 나눈다. 메시지의 4번째 문자인 A는 [0.973,0.9919[에 대응한다.

다음으로 A와 B의 확률에 비례하도록 [0.973,0.9919[을 나눈다. 메시지의 5번째 문자인 A는 [0.973,0.98623[에 대응한다.

다음으로 A와 B의 확률에 비례하도록 [0.973,0.98623[을 나눈다. 메시지의 6번째 문자인 B는 [0.982261,0.98623[에 대응한다.

다음으로 A와 B의 확률에 비례하도록 [0.982261,0.98623[을 나눈다. 메시지의 7번째 문자인 A는 [0.982261,0.9850393[에 대응한다. 부호화될 메시지는 바로 이 마지막 구간 [0.982261,0.9850393[에 포함되는 임의의 실수이다. 마지막 구간에 포함되는 임의의 실수를 하나 선택한 뒤 선택된 이 수를 2진수로 변환하면 부호화가 끝난 것이다. 그런데 마지막 구간에 속한다고 해서 무턱대고 아무 수나 선택하면 오히려 압축결과가 더 나쁘게 된다. 어떤 수를 최종적으로 선택할 것인지 머리를 굴려야 하는데 이 과정이 꽤나 재미있다.

이진수 $0.1_{(2)}$는 십진수 0.5에 해당하고 이진수 $1_{(2)}$는 십진수 1에 해당하므로, 소수 첫째자릿수는 1이어야 한다.

이진수 $0.11_{(2)}$는 십진수 0.75에 해당하고 이진수 $1_{(2)}$는 십진수 1에 해당하므로, 소수 둘째자릿수는 1이어야 한다.

이진수 $0.111_{(2)}$는 십진수 0.875에 해당하고 이진수 $1_{(2)}$는 십진수 1에 해당하므로, 소수 셋째자릿수는 1이어야 한다.

이진수 $0.1111_{(2)}$는 십진수 0.9375에 해당하고 이진수 $1_{(2)}$는 십진수 1에 해당하므로, 소수 넷째자릿수는 1이어야 한다.

이진수 $0.11111_{(2)}$는 십진수 0.96875에 해당하고 이진수 $1_{(2)}$는 십진수 1에 해당하므로, 소수 다섯째자릿수는 1이어야 한다.

이진수 $0.111111_{(2)}$는 십진수 0.984375에 해당하는데 이 값은 마지막 구간에 포함되는 수이다. 결국 문자열 'BBBAABA'을 부호화한 것은 '111111'이다. 이때 맨 앞의 0를 부호화된 메시지에 집어넣지 않는다. 왜냐하면 어떤 문자열을 부호화하더라도 그 결과가 항상 0와 1 사이이므로 일의 자리의 수는 항상 0이어서 집어넣지 않더라도 0가 생략되어 있다는 것을 알 수 있기 때문이다. 허프만 부호화법을 적용하면 7비트가 필요한데 산술부호화법을 적용했더니 6비트만으로 해결되었다.

마지막 단계에서 0.984375를 선택했는데 꼭 이것만 선택해야 하는 것은 아니다. 압축효율을 고려하지 않는다면, 마지막 구간에 포함되는 실수라면 어떤 수라도 상관없다.

그런데 매우 이상한 점이 있다. 0.984375보다 길이가 더 짧은 0.983 혹은 0.984 혹은 0.985를 선택하는 것이 더 좋을 텐데 말이다. 0.983 혹은 0.984 혹은 0.985를 선택하는 것이 현명한 선택일까?

【1】 0.983 혹은 0.984 혹은 0.985를 선택하는 것이 현명한 선택인가?

【2】 부호화를 수행했으니 이제 복호화를 수행할 차례이다. 복호화 과정을 서술하여라.

I 주의사항

【1】 우리는 지금 2진부호를 다루고 있다. 그러니까 실제로 전송되는 것은 10진수가 아니라 2진수이다. 선택가능한 모든 10진수들을 2진수로 변환한 뒤 변환된 2진수들의 길이를 비교해야 한다.

【2】 전송된 부화화된 메시지를 그 메시지가 실제로 의미하는 10진수로 일단 변환해야 한다.

II 수학도깨비의 친절한 설명

【1】 주어진 세 실수를 2진수로 변환한 결과는 아래와 같다.

$$0.983 = 0.11111011101001011111_{(2)},$$
$$0.984 = 0.11111011111001110111_{(2)},$$
$$0.985 = 0.11111100001010001111_{(2)}$$

10진수로 나타낼 때 0.984375의 길이가 가장 길지만, 메시지를 실제로는 0와 1로 된 2진부호화하는 것이므로 0.984375를 선택하는 것이 가장 현명한 선택이다.

【2】 전송된 부호화된 메시지는 '111111'인데 이것은 사실 2진수 $0.111111_{(2)}$를 의미한다. 또한 이 2진수를 10진수로 바꾸면 0.984375이다.

0.9를 포함하는 구간은 B에 대응한다.

0.98를 포함하는 구간은 BBA에 대응한다.

0.984를 포함하는 구간은 ABA에 대응한다.

결국 복호화된 메시지는 'BBBAABA'이다.

III 수학도깨비의 보충설명

산술부호화를 수행하는 것보다 산술복호화를 수행하는 것이 훨씬 더 간단하다는 것을 느꼈을 것이다.

11th ASCII[14]

본 책의 서문에서 ASCII라는 것에 대해 이야기를 했었다. 이것이 뭔지 알아보자.

우리가 컴퓨터를 부팅시킨 후 문자 하나를 입력했다고 하자. 이렇게 단순한 작업을 수행해도 컴퓨터 내부에서는 부호화가 수행된다. 입력한 하나의 문자를 컴퓨터가 그대로 이해하는 것이 아니라 미리 정해진 약속에 따라 이 문자를 정수값으로 바꾼 후 컴퓨터가 처리를 한다. 좀더 일반적으로 이러한 상황을 고찰해 보도록 하자.

두 장치가 통신을 할 때 G라는 문자정보를 전송하는 방법을 생각해 보자. 두 가지 방식을 생각해 볼 수 있을 것이다. 한 가지 방식은 팩스처럼 G라는 문자의 형태를 그대로 전송하는 방식이다. 다른 방식은 71이라는 정수값이 전송되면 그것을 G라고 인식하도록 두 장치가 미리 약속하여 G 대신 정수값 71을 전송하는 방식이다. 어떤 것이 더 효율적이겠는가? 서로 간에 약속된 규약에 따라 정수값을 전송하는 것이 훨씬 효율적이다. 하지만 장치를 개발한 회사들마다 제각각 동일한 문자에 대해 다른 정수를 할당해 버린다면 문자를 주고 받기가 곤란해진다. 이것은 표준이 당연히 필요한 이유이다. 목적에 따라 여러 표준이 있는데 오래 전의 개인용 컴퓨터에서 가장 많이 사용하는 표준이 ASCII였다.

다시 한 번 설명하는 것이 좋을 것 같다.

컴퓨터의 언어는 숫자이다. 따라서 프로그램이나 다른 컴퓨터와 통신하려면 컴퓨터에서 문자와 기호가 해당 숫자 표현으로 변환되어야 한다. 1960년대에 표준화의 필요성이 대두되면서 ASCII가 개발되었다. 최초로 제정된 ASCII 표에는 128개의 정수가 해당 문자에 할당되어 있다. 이러한 ASCII를 통해 컴퓨터 간에 또는 컴퓨터와 프로그램 간에 데이터를 저장하고 교환할 수 있었다.

---

14 American Standard Code for Information Interchange의 頭文字語(두문자어)로 [아스키]로 발음한다.

128개의 문자들은 두 가지 유형 중 어느 하나에 속한다. 두 유형이란 ‘출력 문자’와 ‘비출력 제어 문자’이다.

출력 문자는 십진수로 32부터 126까지 해당한다. 32부터 126까지는 자판에 있는 문자에 할당되어 있으며 문서를 보거나 인쇄할 때 나타난다.

부록A의 문자표에서 점선으로 된 상자로 나타낸 비출력 제어 문자는 십진수로 0부터 31까지 그리고 127에 해당한다. 이것들은 프린터와 같은 주변 장치를 제어하는 데 사용되는 제어 문자이다. 보기로서 12에 대응하는 문자는 용지 공급/새 페이지 기능을 나타낸다. 이 명령은 프린터에 다음 페이지의 맨 위로 건너뛰도록 지시한다. 제이 문자의 또다른 보기로 127에 대응하는 문자는 Delete 명령을 나타낸다.

ASCII로 서식이 지정된 텍스트에는 굵게, 기울임꼴 또는 글꼴과 같은 서식 정보가 없다. Microsoft 메모장을 사용하거나 Microsoft Office Word에서 파일을 일반 텍스트로 저장할 경우 ASCII가 사용된다. 혹시 ASCII 형식의 이력서를 요구하는 채용 공고를 본 적이 있는가? 이는 전자 메일 메시지, 팩스 등으로 이력서를 보낼 때 특별한 서식이 포함되지 않아야 한다는 것을 의미한다. ASCII 형식의 텍스트는 많은 회사에서 이력서를 스캔하는 데 자주 사용하는 광학 인식 스캔 소프트웨어에 적합한 형식이다.

부록A의 문자표가 정확한 것인지 독자여러분들이 쉽게 확인할 수 있는 방법이 있다. 자판의 Alt키를 누른 채 숫자키패드에서 71를 눌러 보아라. 화면 상에 G가 나타날 것이다. 이 G는 ASCII 문자표에서 71에 대응하는 문자이다. 다른 여러 가지 문자에 대해서도 조사해 보면 재미있을 것이다.

ASCII의 소스알파벳은 128개의 원소로 구성된 $\{\cdots, =, >, ?, @, A, B, \cdots\}$이다.

그런데 이상한 점을 발견한 독자가 있는지 모르겠다. ASCII만으로는 표현할 수 있는 문자가 너무 적다는 것이다. 이러한 문제점과 문제해결에 관해서는 추후에 설명한다.

【1】 자판의 Alt키를 누른 채 숫자키패드에서 7를 누르면 어떻게 되는가?

【2】 자판의 Alt키를 누른 채 숫자키패드에서 8를 누르면 어떻게 되는가?

【3】 자판의 Alt키를 누른 채 숫자키패드에서 32를 누르면 어떻게 되는가?

I 수학도깨비의 충고

【1】~【3】 문항에서 시키는 대로 따라해 보자. 그리고 부록A의 문자표를 참고한다.

II 수학도깨비의 친절한 설명

【1】 짧은 시간 동안 벨이 울린다.

【2】 백스페이스키를 한 번 누른 것과 같다. 즉 커서가 한 칸 뒤로 이동하는데 앞에 글자가 있으면 그 글자를 지운다.

【3】 공백문자가 출력된다. 즉 화면상에 아무 것도 나타나지 않고 커서가 한 칸 앞으로 이동한다.

12th 고정길이부호와 가변길이부호

고정길이부호는 모든 부호어들의 길이가 동일한 부호를 일컫는 용어이다. 말 그대로 길이가 고정되어 있다는 뜻이다. 방금 공부한 ASCII는 고정길이부호이다. 왜냐하면 모든 부호어들의 길이가 7비트이기 때문이다.

가변길이부호는 고정길이부호가 아닌 부호를 일컫는 용어이다. 말 그대로 길이가 변한다는 뜻이다. 이미 우리는 가변길이부호를 여러 번 접했다. 허프만 부호는 가변길이부호가 얼마나 강력한지 알 수 있게 해주는 부호체계이다. 가변길이부호에 속하는 모스 부호는 ‘·’와 ‘-’와 ‘ ’를 사용하여 알파벳 문자들을 표현한다. ‘·’는 점(dot)이고 아래의 표에서 0로 부호화되어 있다. ‘-’는 ‘·’에 비해 3배 정도의 길이를 갖는 짧은 길이의 선분(dash)이며 아래의 표에서 1로 부호화되어 있다. ‘ ’는 공백(space)이다. 모스 부호는 가변길이부호이다. 보기로써 E는 빈번하게 나타나므로 짧은 길이로 부호화하고 Y는 드물게 나타나므로 긴 길이로 부호화한다. 이렇게 해서 전체 길이를 줄인다. 얼핏 보면 모스 부호가 기수 2 체계라고 생각할 수 있으나, 사실은 기수 3 체계이다. 공백 때문에 그런 것인데 문자 사이에 하나의 공백이 들어가고 단어 사이에 적어도 2번 공백이 들어간다.

영문대문자와 공백문자에 대해 모스 부호, 허프만 부호, ASCII를 한꺼번에 나타내 보면 다음과 같다. 출현빈도에 상관없이 ASCII와 모스 부호는 각 문자에 대해 항상 일정하다. 허프만 부호는 출현빈도 순위에 따라 각 문자에 대한 부호어들이 변함을 주의하라.

문자	출현빈도	ASCII	모스 부호	허프만 부호
공백	0.1859	0100000	공백	000
A	0.0642	1000001	01	0100
B	0.0127	1000010	1000	0111111
C	0.0218	1000011	1010	11111
D	0.0317	1000100	100	01011
E	0.1031	1000101	0	101
F	0.0208	1000110	0010	001100

문자	출현빈도	ASCII	모스 부호	허프만 부호
G	0.0152	1000111	110	011101
H	0.0467	1001000	0000	1110
I	0.0575	1001001	00	1000
J	0.0008	1001010	0111	0111001110
K	0.0049	1001011	101	01110010
L	0.0321	1001100	0100	01010
M	0.0198	1001101	11	001101
N	0.0574	1001110	10	1001
O	0.0632	1001111	111	0110
P	0.0152	1010000	0110	011110
Q	0.0008	1010001	1101	0111001101
R	0.0484	1010010	010	1101
S	0.0514	1010011	000	1100
T	0.0796	1010100	1	0010
U	0.0228	1010101	001	11110
V	0.0083	1010110	0001	0111000
W	0.0175	1010111	011	001110
X	0.0013	1011000	1001	0111001100
Y	0.0164	1011001	1011	001111
Z	0.0005	1011010	1100	0111001111

【1】 모스 부호에서 문자들 사이에 공백을 넣고 단어들 사이에 공백을 넣는 이유는 무엇일까?

I 수학도깨비의 충고

【1】 구체적으로 생각해 본다. 보기를 들어 공백이 없는 문자열 '10111001'의 경우 어떤 문제점이 발생할지 생각해 보자.

II 수학도깨비의 친절한 설명

【1】 만약 공백이 없다면 부호가 유일하게 복호화될 수 없기 때문이다. 가령 '10111001'은 'KGA' 혹은 'YX' 혹은 'YNA' 등 여러 가지로 해석될 수 있다.

III 수학도깨비의 보충설명

띄어쓰기를 무시한 "아버지가방에들어가신다"를 "아버지가 방에 들어가신다"로 해석할 수도 있고 "아버지 가방에 들어가신다"로 해석할 수도 있다. 어느 위치에서 띄어쓰기하느냐에 따라 여러 가지로 해석될 수 있는 것이다. 문항의 상황도 이것과 같다.

한편, 문항을 통해 알아본 '모스 부호의 결점'은 오늘날 모스 부호가 거의 사용되지 않는 이유가 된다.

13th 접두사부호와 즉시부호

정보원 $S_4 = \{A, B, C, D\}$에 대해 부호화기에서 'A'→1, 'B'→011, 'C'→001, 'D'→000로 부호화된다고 하자. 이 부호체계에서는 다음 사실이 성립한다.

(1) A의 부호어인 1를 제외한 그 어떤 부호어도 A의 부호어인 1로 시작하지 않는다.

(2) B의 부호어인 011를 제외한 그 어떤 부호어도 B의 부호어인 011로 시작하지 않는다.

(3) C의 부호어인 001를 제외한 그 어떤 부호어도 C의 부호어인 001로 시작하지 않는다.

(4) D의 부호어인 000를 제외한 그 어떤 부호어도 D의 부호어인 000로 시작하지 않는다.

이번에는 정보원 $S_4 = \{A, B, C, D\}$에 대해 부호화기에서 'A'→01, 'B'→0011, 'C'→001, 'D'→01000로 부호화된다고 하자. 이 부호체계에서는 A의 부호어인 01가 D의 부호어인 01000의 맨첫부분에 포함된다. 이처럼 어떤 부호어 x가 다른 부호어 y의 맨첫부분에 포함될 때 x를 y의 접두사(prefix)라고 한다.

접두사(prefix) 개념은 다음의 정리에 의해 그 중요성을 갖는다.

> **정리**
>
> 유일하게 복호가능한 부호가 주어졌다. 이때 이 부호에 속하는 어떤 부호어도 나머지 다른 부호어들의 접두사가 아닌 것의 필요충분조건은 이 부호가 즉시부호(instantaneous code)인 것이다.

즉시부호는 말 그대로 수신되는 차례대로 복호화를 할 수 있는 부호를 말한다.

14th 유일하게 복호되지만 즉시부호가 아닌 부호

앞 페이지의 정리는 즉시부호는 항상 유일하게 복호가능하다는 것을 말한다. 즉, 즉시부호는 유일하게 복호가능한 부호의 부분집합이다. 그렇다면 자연스럽게 "즉시부호가 아니면서 유일하게 복호화가 되는 부호가 존재하는가?"라는 질문을 하게 된다. 대답은 "그렇다."이다.

소스알파벳이 {A, B, C, D}이며 A를 1로, B를 10로, C를 100로, D를 000로 부호화시키는 시스템에서 복호화기가 '100000'을 처리해야 하는 상황을 고려해 보자. 복호화기는 '100000'을 'CD'로만 유일하게 복호화한다.

그런데 복호화기가 복호화를 수행할 때 'AD'로 복호화한다면 '00'이 남는데 '00'에 대응하는 것이 없다. 만약 복호화기가 복호화를 수행할 때 'BD'로 복호화한다면 '0'이 남는데 '0'에 대응하는 것이 없다.

위에서의 설명을 통해 무엇을 알 수 있는가? 복호화기는 자신이 처리해야 하는 부호화된 메시지를 받아들이면서 동시에 실시간으로 복호화를 수행하면 안된다는 것이다. 다시 말해서, 부호화된 메시지가 완전히 도착하고 난 후 복호화기가 복호화를 수행해야 한다는 것이다. 즉, A를 1로, B를 10로, C를 100로, D를 000로 부호화하는 경우 이 부호는 즉시부호가 아니다.

우리는 또다른 질문을 할 수 있다. 그렇다면 위의 부호가 즉시부호가 아니라는 사실을 쉽게 알 수 있는가? 대답은 "그렇다."이다. 앞 페이지를 참고하면 된다. A를 부호화한 1는 B를 부호화한 10의 접두사이다.

15th 크라프트[15]의 부등식

크라프트 정리는 즉시부호(instantaneous code)의 존재조건을 말해준다.

크라프트 정리

> 총 n개의 부호어들로 구성되어 있고 기수[16]가 r인 어떤 부호의 모든 부호어들의 길이를 각각 l_1, l_2, $\cdots$, l_{n-1}, l_n라고 하자. 이때 이 부호가 즉시부호이기 위한 필요충분조건은 아래 부등식을 만족하는 것이다.
>
> $$\frac{1}{r^{l_1}}+\frac{1}{r^{l_2}}+\cdots+\frac{1}{r^{l_{n-1}}}+\frac{1}{r^{l_n}}\le 1$$

다소 까다로워 증명하지는 않는다.

크라프트 부등식을 개략적으로 해석하자면, 즉시부호를 구성하기 위한 각 부호어들이 전체적으로 짧은 길이를 가질 수 없다는 것이다. 다시 말해서, 각 부호어들 중 상당수는 어느 정도 긴 길이를 가져야 한다는 것이다.

크라프트 정리는 모든 부호어들의 길이가 주어진 어떤 부호에 대해 그 부호가 즉시부호를 형성할 수 있는지 여부만을 규정해 줄 뿐이다. 무슨 말이냐 하면, 그러한 부호의 생성 방법까지 말해주는 것은 아니라는 것이다.

【1】 총 8개의 부호어들로 구성되어 있고 코드알파벳이 $C=\{0,1,2,3\}$인 부호체계가 있다. 만약 'A'→1, 'B'→2, 'C'→3, 'D'→00, 'E'→01, 'F'→02, 'G'→030, 'H'→031로 부호화할 경우 이 부호체계는 즉시부호인가?

【2】 윗문항의 부호체계는 크라프트 부등식을 만족하는가?

---

15 Leon Gordon Kraft

16 코드알파벳 집합의 원소 개수

I 수학도깨비의 충고

【1】~【2】 개념을 정확하게 이해하도록 한다.

II 수학도깨비의 친절한 설명

【1】 A의 부호어인 1를 제외한 그 어떤 부호어도 A의 부호어인 1로 시작하지 않는다.

B의 부호어인 2를 제외한 그 어떤 부호어도 B의 부호어인 2로 시작하지 않는다.

C의 부호어인 3를 제외한 그 어떤 부호어도 C의 부호어인 3로 시작하지 않는다.

D의 부호어인 00를 제외한 그 어떤 부호어도 D의 부호어인 00로 시작하지 않는다.

E의 부호어인 01를 제외한 그 어떤 부호어도 E의 부호어인 01로 시작하지 않는다.

F의 부호어인 02를 제외한 그 어떤 부호어도 F의 부호어인 02로 시작하지 않는다.

G의 부호어인 030를 제외한 그 어떤 부호어도 G의 부호어인 030로 시작하지 않는다.

H의 부호어인 031를 제외한 그 어떤 부호어도 H의 부호어인 031로 시작하지 않는다.

접두사가 존재하지 않으므로 즉시부호이다.

【2】 기수는 4이며 부호어들의 길이는 각각 1, 1, 1, 2, 2, 2, 3, 3이다. 이 값들을 크라프트 부등식에 대입하면

$$\frac{1}{4^1}+\frac{1}{4^1}+\frac{1}{4^1}+\frac{1}{4^2}+\frac{1}{4^2}+\frac{1}{4^2}+\frac{1}{4^3}+\frac{1}{4^3}=\frac{62}{64}\le 1$$

과 같이 성립함을 알 수 있다.

16th 맥밀란[17]의 부등식

유일하게 복호화가 되어야 한다는 것은 선택이 아닌 필수사항이다. 복호화의 유일성에 관한 정리를 공부해 보자. 우선, 크라프트 정리는 즉시부호에 관한 것이었음을 상기하자. 그런데 우리가 이미 살펴보았듯이, 즉시부호는 유일하게 복호화되는 부호의 특별한 경우이다. 맥밀란은 유일하게 복호화되는 부호에 대해서도 동일한 부등식이 적용됨을 증명했다.

맥밀란 정리

총 n개의 부호어들로 구성되어 있고 기수가 r인 어떤 부호의 모든 부호어들의 길이를 각각 l_1, l_2, ⋯, l_{n-1}, l_n라고 하자. 만약 이 부호가 유일하게 복호화될 수 있다면, 아래 부등식을 만족한다.

$$\frac{1}{r^{l_1}}+\frac{1}{r^{l_2}}+\cdots+\frac{1}{r^{l_{n-1}}}+\frac{1}{r^{l_n}}\leq 1$$

증명은 생략한다.

다양한 경우에 대해 맥밀란 정리가 성립함을 확인해 보자.

소스알파벳이 $S=\{\mathrm{a,b,c,d}\}$이고 코드알파벳이 $C=\{0,1\}$이며 부호화기에서는 'a'→00, 'b'→01, 'c'→10, 'd'→11로 대응시키는 부호화를 생각해 보자. 이 부호화는 유일하게 복호화됨을 쉽게 확인할 수 있다. 그리고

$$\frac{1}{2^2}+\frac{1}{2^2}+\frac{1}{2^2}+\frac{1}{2^2}=\frac{4}{4}\leq 1$$

이 성립함을 알 수 있다.

부호가 $\{11,01,00,101,100\}$일 때 유일하게 복호화되고

$$\frac{1}{2^2}+\frac{1}{2^2}+\frac{1}{2^2}+\frac{1}{2^3}+\frac{1}{2^3}=\frac{8}{8}\leq 1$$

이 성립함을 알 수 있다.

---

17 Brockway Mcmillan

부호가 $\{10, 01, 11, 001, 0001, 0000\}$일 때 유일하게 복호화되고

$$\frac{1}{2^2}+\frac{1}{2^2}+\frac{1}{2^2}+\frac{1}{2^3}+\frac{1}{2^4}+\frac{1}{2^4}=\frac{16}{16}\leq 1$$

이 성립함을 알 수 있다.

부호가 $\{0,1,10,11\}$일 때 유일하게 복호화되지 않고

$$\frac{1}{2^1}+\frac{1}{2^1}+\frac{1}{2^2}+\frac{1}{2^2}=\frac{6}{4}\nleq 1$$

이 성립함을 알 수 있다.

17th 부호어의 평균길이와 정보원의 엔트로피 사이의 관계

처음부터 지금까지 우리는 많은 것들을 공부했다. 그런데 현재 시점에서 이런 의문이 들 수 있을 것이다. 그것은 "부호어의 평균길이를 구하는 것은 이해가 가는데 정보원의 엔트로피라는 개념을 도대체 왜 도입했느냐?"라는 의문이다. 이 의문에 대한 답을 곧 알 수 있다.

섀넌의 무잡음 부호화정리

잡음이 없는 시스템을 가정하자. 유일하게 복호가능하고 부호어의 평균길이가 최소가 되도록 메시지를 부호화할 때, 부호어의 평균길이는 엔트로피보다 작을 수 없다. 다시 말하자면, 부호어의 평균길이의 최소한계가 바로 엔트로피이다.

엔트로피를 도입하게 된 근본적인 이유를 설명해 주는 중요한 定理(정리)이다. 맥밀란 정리를 이용하여 섀넌의 무잡음 부호화정리를 증명할 수 있다.

증명 각 부호어의 길이를 l_i라고 하면 부호어의 평균길이 L는

$$L = \sum_{i=1}^{n} p_i l_i = \sum_{i=1}^{n} p_i \log_2 2^{l_i}$$

이다.

엔트로피에서 부호어의 평균길이를 빼면 다음과 같다.

$$\sum_{i=1}^{n} p_i \log_2 \frac{1}{p_i} - \sum_{i=1}^{n} p_i \log_2 2^{l_i} = \sum_{i=1}^{n} p_i \log_2 \frac{1}{p_i 2^{l_i}}$$

우리가 이미 공부했던 부등식

$$\log_2 x \le (x-1) \log_2 e$$

으로부터, 다음이 성립한다.

$$\sum_{i=1}^{n} p_i \log_2 \frac{1}{p_i 2^{l_i}} \leq \sum_{i=1}^{n} p_i \left(\frac{1}{p_i 2^{l_i}} - 1\right) \log_2 e = \log_2 e \sum_{i=1}^{n} p_i \left(\frac{1}{p_i 2^{l_i}} - 1\right)$$
$$= \log_2 e \sum_{i=1}^{n} \left[\frac{1}{2^{l_i}} - p_i\right] = \log_2 e \left(\sum_{i=1}^{n} \frac{1}{2^{l_i}} - \sum_{i=1}^{n} p_i\right) = \log_2 e \left(\sum_{i=1}^{n} \frac{1}{2^{l_i}} - 1\right)$$

결국 $r = 2$일 때 성립하는 맥밀란 부등식

$$\frac{1}{2^{l_1}} + \frac{1}{2^{l_2}} + \cdots + \frac{1}{2^{l_{n-1}}} + \frac{1}{2^{l_n}} = \sum_{i=1}^{n} \frac{1}{2^{l_i}} \leq 1$$

으로부터, 다음 결과를 얻을 수 있다.

$$\log_2 e \left(\sum_{i=1}^{n} \frac{1}{2^{l_i}} - 1\right) \leq 0$$

엔트로피에서 부호어의 평균길이를 뺀 값이 항상 0 이하라는 것은 부호어의 평균길이가 엔트로피보다 항상 크거나 같음을 의미한다. ∎

18th 실행 길이 부호화

실행 길이 부호화법은 어떤 특정한 문자가 연속적으로 반복되어 나타나는 경우 매우 유용한 부호화법이다. 이 부호화법은 전체 문자열에서 하나의 문자가 연속적으로 반복된 부분을 반복된 문자와 그 문자의 반복횟수의 쌍으로 나타내는 방법이다. 너무나 직관적이어서 이해하기도 무척 쉽다. 보기를 들어 원래의 문자열 'AAAAAAAAAAABBBBBBBBBBBBBBBBBBBBBBBCCCCCCCCCDDDDDDD'에 실행 길이 부호화법을 적용하면, 원래의 문자열은 'A11B23C9D7'으로 부호화된다.

개념적으로는 위와 같이 간단하지만 반복된 개수로 사용된 9나 7라는 문자가 개수의 의미인지 아니면 그냥 문자인지를 판별하는 방법이 없다. 만일 압축할 파일이 알파벳 문자만을 사용한다면 위와 같은 압축이 그대로 사용 가능할 것이다. 그러나 일반적으로 모든 문자가 사용된 파일을 실행 길이 부호화법으로 압축할 경우 혼동가능성이 크다. 이러한 문제점을 해결하기 위해서 탈출 문자라는 것을 사용한다. 문자가 반복되는 모양을 압축할 때 <탈출 문자, 반복 문자, 개수>와 같이 표현한다. 보기를 들어 탈출 문자를 '*'라고 한다면 위의 문자열은 '*A11*B23*C9*D7'으로 부호화된다. 탈출은 보통의 경우에서 벗어남을 의미한다. 즉 탈출 문자 '*'가 나오기 전에는 단순한 문자열이지만 이 탈출 문자가 나오면 그 다음의 반복 문자와 그 다음의 개수를 읽어들여서 반복 문자를 개수만큼 늘여 해석하는 것이다.

탈출 문자를 도입하기만 하면 모든 문제점이 해결되는가? 그렇지 않다. 그래도 문제점은 있다. 그것은 탈출 문자가 탈출의 의미로 해석되는 것이 아니라 문자로서 해석되어야 할 경우도 있다는 점이다. 무슨 말이냐면 탈출 문자 자체가 원래 주어진 문자열을 구성하는 문자로 쓰인 경우를 말한다. 이것은 마치 C 언어의 printf() 함수의 서식 문자열에서 '%'와 유사하다. %d나 %f는 그 문자를 의미하는 것이 아니라 정수나 실수형으로 대치될 부분이라는 표시이다. 즉 %가 탈출의 의미를 가지고 있다는 뜻이다. 그러나 정작 '%'라는 문자를 출력하기 위해서는 어떻게 해야 하는가? C 언어에서는 '%'를 출력하기 위해서 '%%'를 사용한다. 그렇다면 마찬가지로 실행 길이 부호화법에서도 탈출 문자 '*'를 문자로 해석하기 위해서 '**'를 사용하면 될 것이다.

이제 더 이상 문제점이 없는가? 하지만 이번에도 문제점이 존재한다. '*' 문자가 계속해서 반복되는 경우가 바로 그렇다. 이 상황은 꽤나 복잡하다. 만일 '*****'와 같은 문자열의 일부분이 있다면 '**5'와 같이 압축할 수 있는가? 아니면 '***5'와 같이 압축하는가? 둘 다 문제가 있다. 전자의 경우 '*5'와 같이 해석할 수 있으며, 후자의 경우는 '*'문자와 5 다음의 문자가 있다면 이를 개수로 해석해서 5를 반복하는 것으로 해석할 수 있다. 이렇게 탈출 문자가 반복되는 경우 그것을 <탈출 문자 반복 문자 개수>의 표현으로 나타내면 모호하게 되므로 탈출 문자의 경우는 아무리 반복 횟수가 많더라도 단순하게 <탈출 문자, 탈출 문자>와 같이 압축한다. 보기를 들어 원래의 문자열 'ABCAAAAABCDEBBBBBFG*****ABC'을 'ABC*A5BCDE*B5FB**********ABC'로 부호화한다. 이럴 경우 해당 부분은 오히려 길이가 늘어나게 된다. 이와 같이 탈출 문자가 평범한 문자로 해석되는 경우에는 그 길이가 두 배로 늘어나기 때문에, 우리는 출현 빈도수가 가장 적은 문자를 탈출 문자로 선택해야 한다. 영어의 알파벳이나 숫자 등은 매우 자주 사용되기 때문에 피해야 한다. 결론적으로 압축하고자 하는 파일의 성질에 따라 탈출 문자를 적절히 조정해 주면 압축 효율을 높일 수 있을 것이다.

특수한 상황에서 발생할 수 있는, 마지막으로 우리에게 남겨진 과제가 있다. 그것은 <탈출 문자, 반복 문자, 개수>로 치환하기 위해서 특정 문자가 최대 몇 번 반복되어야 하는지를 결정하는 것이다. 구체적인 상황을 가정하여 설명하겠다. 7비트로 각 문자를 표현하고 저장하는 ASCII를 사용하는 시스템이 있다고 하자. 이 시스템 환경에서 작성한 텍스트 파일[18]이 있다. 이 텍스트 파일에서 특정 문자가 183번 반복되었다고 하자. 이 상황에서 실행 길이 부호화법을 적용하는 것을 생각해 보자. 7비트로 표현할 수 있는 정수의 범위는 0부터 127[19]까지이다. 지금 상

---

18 ASCII를 사용하더라도 파일의 최소구성단위는 실제로 1바이트이다. 전형적인 텍스트 파일은 ASCII 문자집합으로 구성되어 있다. 이 문자집합은 1바이트 중에서 7비트만 사용하여 각 기호를 표현한다.

19 $127 = 2^7 - 1$

황에서 이것이 의미하는 바는 반복횟수인 183를 표현할 수 없다는 것이다. 이 문제를 어떻게 해결하면 되겠는가?

【1】 특정 문자가 몇 번 반복되었을 때 <탈출 문자, 반복 문자, 개수>로 치환할 것인가 하는 문제를 결정하자.

【2】 실행 길이 부호법을 본 책의 원고 전체에 적용할 경우 어떤 결과를 낳게 될까?

【3】 7비트로 각 문자를 표현하고 저장하는 ASCII를 사용하는 시스템이 있다고 하자. 이 시스템 환경에서 작성한 텍스트 파일이 있다. 이 텍스트 파일에서 특정 문자가 183번 반복되었다고 하자. 이 상황에서 실행 길이 부호화법을 적용하는 것을 생각해 보자. 7비트로 표현할 수 있는 정수의 범위는 0부터 127[20]까지이다. 지금 상황에서 이것이 의미하는 바는 반복횟수인 183를 표현할 수 없다는 것이다. 이 문제를 어떻게 해결하면 되겠는가?

【4】 실행 길이 부호화법을 실제로 적용하는 분야에는 어떤 것들이 있을까?

---

[20] $127 = 2^7 - 1$

I 수학도깨비의 충고

【3】 7비트로 표현할 수 있는 정수의 범위는 0부터 127[21]까지라는 사실을 쉽게 이해할 수 있다. 183는 127를 초과하는 수이므로, 7비트만으로는 183를 표현할 수 없다. 해결방법은 여러 가지가 있는데 쉬운 해결법을 생각해 보자.

【4】 특정 기호가 연속해서 나타나는 경우가 많아야 실행 길이 부호화법이 큰 효과를 발휘한다. 특정 기호가 연속해서 나타날 때가 자주 있는 분야에 어떤 것이 있을지를 생각해 본다.

II 수학도깨비의 친절한 설명

【1】 먼저 'ZZ'처럼 특정 문자가 2번 반복되었을 경우를 고려하자. 'ZZ'을 '*Z2'로 하는 것은 2바이트가 3바이트로 오히려 늘어나게 되므로 치환하지 말아야 할 것이다.

이제 'ZZZ'과 같이 특정 문자가 3번 반복되었을 경우를 고려하자. 'ZZZ'을 '*Z3'로 하는 것은 똑같이 3바이트가 소요되므로 치환을 하든 하지 않든 상관없다. 따라서 특정 문자가 최소 3번 반복되는 경우에만 치환을 하면 될 것이다.

【2】 특정 문자가 3번 반복되는 경우에 실행 길이 부호법을 적용해도 효율성 측면에서 전혀 이득이 없다. 특정 문자가 4번 이상 반복되는 경우에만 실행 길이 부호법의 효과가 있다. 그런데 본 책에서 특정 문자가 4번 이상 반복되는 경우가 거의 없다. 그러므로 본 책에 실행 길이 압축법을 적용하는 것은 오히려 효율성을 떨어뜨리게 된다.

---

21 $127 = 2^8 - 1$

【3】 개수를 나타내는 것 또한 7비트를 사용하기 때문에 반복되는 문자의 개수는 128 이상이 될 수 없다. 만약 반복된 횟수가 127를 넘어버린다면 127에서 한 번 잘라주고 그 다음은 문자가 처음 나온 것으로 생각하면 문제를 해결할 수 있다.

【4】 음악의 악보나 만화영화는 동일한 색이 쭉 연결되어 있는 경우가 많다. 이런 경우에 실행 길이 부호화법을 적용하면 큰 효과를 거둘 수 있다.

III 주의사항

【2】 WinRAR같은 압축소프트웨어를 이용하여 본 책의 원고 파일을 압축하면 파일의 크기가 줄어든다. 하지만 이것은 전혀 이상하지 않다. WinRAR가 실행 길이 부호화 알고리즘만 이용해서 압축을 수행한 것이 아니기 때문이다.

19th 흑백팩시밀리 통신에 적용된 압축기술

전자우편 때문에 과거에 비해 팩스의 사용이 많이 줄어들긴 했지만, 팩스는 여전히 필요하다. 최근에는 컬러팩스가 등장하기도 했지만 아직 대중적이지 않은 것 같다. 비록 본 책의 내용과 전혀 관련은 없지만, 일본의 파나소닉은 종이가 필요 없는 팩스를 출시하기도 했다.

A4용지에 적당한 크기로 "팩스는 팩시밀리를 줄인 말이다."를 쓴 후 이 문서를 팩스로 전송한다고 하자. 팩시밀리 역시 압축을 수행하는데 과연 이 문서의 압축효과가 어느 정도일까? 아마도 "글의 분량이 조금밖에 되지 않고 겹치는 글자도 거의 없으므로 압축효과가 거의 없거나 오히려 더 나빠질 것"이라고 대답할 독자가 많을 것이다. 그러나 실제로는 압축효과가 상상을 초월할 정도로 높다. 왜 그럴까?

팩시밀리는 우리가 작성한 글을 인식해서 인식한 문자열을 압축한 후 전송을 하는 장치가 아니다. 흑백팩시밀리냐 컬러팩시밀리냐에 상관없이 팩시밀리는 A4용지 전체를 하나의 그림으로 인식할 뿐이다. 무슨 말이냐 하면, 흰 바탕은 0로 인식하고 문자 부분은 1로 인식한다는 말이다. 물론 단순한 흑백팩시밀리일 경우에 말이다.

팩시밀리가 문서를 하나의 그림으로 인식한다는 사실은 우리가 "문서에 어떤 글자가 많이 등장하느냐?"를 따질 필요가 없다는 것을 의미한다. 지금 위의 상황에서 A4용지에는 흰 화소들이 검은 화소들보다 압도적으로 많다. 비율적으로 따진다면 검은 화소는 거의 없다고 해도 될 정도이다. 그렇다면 이 사실로부터 팩시밀리가 어떤 압축기법을 쓸 것인지 예상할 수 있을 것이다. 그렇다. 우리가 팩스를 보낼 때 적용되는 대표적인 압축기법은 실행 길이 부호화법이다. 사실, 실행 길이 부호화법은 팩시밀리 전송을 위해 개발된 표준이다.

국제전신전화자문위원회가 마련한 팩스 프로토콜에는 G1, G2, G3, G4이 있다. 네 프로토콜을 비교해 보면 아래 표와 같다.

포맷	프로토콜	전송선
아날로그	G1	PSTN[22]
	G2	
디지털	G3	
	G4	ISDN[23]

G1과 G2은 아날로그 포맷이어서 압축기술이 적용되지 않는다. 현재 일반적으로 사용되고 있는 프로토콜인 G3은 실행 길이 부호화법과 허프만 부호화법을 결합한 수정 허프만 부호화법이라고 부르는 기술을 제시한다.

그런데 표를 보면 이상한 것이 눈에 띈다. G3은 디지털 포맷이라고 되어있는데 전송선은 아날로그 전화망이다. 아리송한 이 사실을 설명하자면 다음과 같다. 신호의 형식에는 아날로그와 디지털이 있다. 아날로그 신호는 신호의 크기가 연속적인 값으로 나타나는 것이고 디지털 신호는 불연속적인 값으로 나타나는 것이다. 그런데 아날로그와 디지털이 신호 형식에만 해당하는 것은 아니다. 신호를 전송하는 방식에도 아날로그와 디지털이 있다. 아날로그 방식은 시간에 따라 연속적으로 신호를 전송하는 방식이고 디지털 방식은 불연속적으로 신호를 전송하는 방식이다.

한편, G3과 G4에는 하드웨어로 구현된 산술부호화법이 적용되어 있다.

【1】 팩스 전송시에 비교적 오류가 잘 발생하는 편이라고 가정하자. 만약 팩스 전송시 오로지 실행 길이 부호화법만 적용해서 압축한다면, 상당히 나쁜 결과를 얻기 쉽다. 왜 그럴까?

---

22 Public Switched Telephone Network의 頭文字語(두문자어). 우리에게 익숙한 전화망을 말한다.

23 Integrated Services Digital Network의 頭文字語(두문자어)로 우리말로는 종합정보통신망이라고 번역한다. 일반 전화선을 통해 디지털 정보를 보내는 기술이다.

I 수학도깨비의 충고

【1】 팩스 문서의 특성을 실행 길이 부호화법과 연관지어 생각해 보자.

II 수학도깨비의 친절한 설명

【1】 상대방에게 보낼 팩스문서에서 어떤 부분이 하얀 점이 200개 연속이라고 하자. 이것을 실행 길이 부호화법으로 부호화한 메시지는 0가 200번 반복되는 것이다. 이 부분의 부호화된 메시지에서 전송 도중 0가 1로 변했다고 하면, 수신팩스는 1가 200번 반복되는 것으로 복호화를 수행하게 된다. 즉, 원래는 하얀 점이 200개 연속되는 건데, 수신자는 검은 점 200개가 반복되는 것으로 받게 된다.

반복횟수를 나타내는 부분에서 오류가 발생하는 것은 비교적 영향력이 덜하겠지만, 반복횟수를 나타내는 부호화된 메시지에서 높은 자릿수에 해당하는 부분이 변할수록 좋지 않은 결과를 얻게 된다.

결론적으로, 실행 길이 부호화법만으로 팩스문서를 압축하는 것은 좋은 생각이 아니다.

20th 렘펠[24]-지프[25] 부호화

이 압축기법은 1977년 5월에 출판된 논문 *A Universal Algorithm for Sequential Data Compression*에서 시작되었다.

문자열 'VWXYZVWXYZVWXYZ'을 고려해 보자. VWXYZ이 계속 반복되므로 적절하게 압축할 수 있을 것 같다는 생각이 든다. 그렇다면 이 문자열에 실행 길이 부호화법을 적용하면 어떻게 되는가? 아쉽게도 전혀 압축이 되지 않는다는 것을 곧 알 수 있다.

이번에 소개하는 렘펠-지프 부호화법은 실행 길이 부호화법을 개선한 알고리즘이라고 할 수 있다. 실행 길이 부호화법은 특정 문자가 반복되는 경우 그것을 <탈출 문자, 반복 문자, 반복 횟수>로 치환하는 방법이었다. 이와 유사하게 렘펠-지프 부호화법은 현재의 패턴이 가까운 거리에 존재한다면 그것에 대한 상재적 위치와 그 패턴의 길이를 구해서 <탈출 문자, 상대 위치, 길이>로 패턴을 대치하는 방법이다. 원래 문자열이 'ABCDEFGHIJKLMNCDEFGHIJKLDMH'이라고 하자. 원래 문자열에서 'CDEFGH'이라는 패턴이 뒤에 다시 반복된다. 이 문자열에 렘펠-지프 부호화법을 적용하면 'ABCDEFGHIJKLMN<12,10>KLDMH'로 된다. 반복된 패턴을 <12,10>과 같이 12문자 앞에서부터 연속적으로 10개의 문자들을 취하라는 코드를 삽입함으로써 압축할 수 있고, 그 반대로 복원할 수도 있다.

다른 경우를 살펴보자. 원래 문자열이 'ABEFGXYZABEFGXYZABEFGXYZABEFGXKL'일 때는 어떨까? 'ABEFGXYZ<8,8>ABEFGXYZ<8,6>KL'처럼 하면 될까? 조금만 더 생각해 보면 더 효율적으로 압축할 수 있음을 알 수 있다. 어떻게 부호화하면 되겠는가? 원래 문자열을 'ABEFGXYZ<8,22>KL'과 같이 부호화하면 된다. 이와 같이 떨어져 있는 패턴뿐만 아니라 서로 붙어있는 패턴에 대해서도 효율적으로 압축할 수 있다.

---

24 Abraham Lempel

25 Jacob Ziv

21st 비트전송률

비트전송률의 개념은 무척 간단한 것이어서 상당수의 독자는 이미 이것의 개념을 알고 있을 것이다. 비트전송률은 단위 시간 동안에 얼마나 많은 자료를 전송하는지 나타낸다. 만약 10초 동안 3250Kb를 전송한다면 비트전송률은 325Kbps이다.

3250Kb과 3250KB은 서로 다르다. 소문자 b는 bit를 나타내고 대문자 B는 Byte를 나타낸다. 1바이트는 8비트와 같으므로 3250KBps은 3250Kbps보다 8배 빠른 것이다.

【1】 지구가 아닌 다른 행성의 사진을 최초로 찍은 우주선은 1965년에 화성에 도달한 마리너4호였다. 화성을 대상으로 22장의 완전한 사진을 촬영했는데 각 사진은 200 × 200 해상도였다. 화소 하나를 표현하는 데는 6비트를 사용하여 밝기(brightness)를 000000부터 111111까지 나누었다. 사진 한 장의 용량은 몇 바이트인가?

【2】 마리너4호가 지구로 사진을 전송할 때 1초에 $8\frac{1}{3}$bit의 속도였다. 사진 1장을 전송하는 데 얼마의 시간이 걸렸는가?

【3】 마리너4호가 찍은 사진은 가장 밝은 것을 000000로 표현했고 가장 어두운 것을 111111로 표현했다. 그리고 그 범위에서 가능한 값들을 모두 밝기로 표현했다. 마리너4호는 밝기를 총 몇 등급으로 나눈 것인가?

【4】 몇 년이 지나 화성탐사선이 사진촬영할 때 비트전송률이 16200bps로 향상되었다. 그러나 마리너의 카메라는 1초에 100000개가 넘는 화소를 만들어냈다. 이것이 의미하는 바는 무엇인가?

I 수학도깨비의 충고

【4】 사진촬영에 의해 만들어진 자료를 지체없이 바로바로 지구로 전송하기 위해 필요한 비트율이 실제로 가능한 비트율을 넘어서는 상황이다. 이런 상황이라면 어떻게 해야 하겠는가?

II 수학도깨비의 친절한 설명

【1】 사진 1장은 총 200×200개의 화소로 이루어져 있는데 하나의 화소를 표현하는 데 6비트가 필요하다. 그러므로 사진 1장의 용량은

$$200 \times 200 \times 6\text{bit} = 240000\text{bit} = 30000\text{byte}$$

이다.

【2】 사진 1장의 용량을 비트전송률로 나누면 되므로, 걸린 시간은

$$\frac{240000\text{bit}}{\frac{25}{3}\text{bps}} = 28800\text{초} = 8\text{시간}$$

이다.

【3】 6개의 비트를 사용하여 가능한 값을 모두 밝기로 표현했으므로 총 $2^6 = 64$ 등급이다.

【4】 겨우 1비트만으로 화소 하나를 표현했다고 가정해도 마리너의 카메라는 1초에 100000비트를 생성한다. 즉, 마리너의 카메라가 만들어 내는 자료를 지체없이 지구로 전송하기 위해 필요한 최소한의 비트전송률이 실제로 가능한 비트전송

률보다 큰 상황이다. 따라서 촬영한 자료를 저장할 기억장치가 있었음을 의미한다.

III 수학도깨비의 보충설명

【4】 마리너는 촬영한 자료를 저장하는 매체로 자기테이프(magnetic tape)를 사용했다.

22nd Dolby TrueHD[26]

인터넷에서 파일을 다운로드 받다 보면 압축이 되어 있는 경우가 많아 많은 사람들이 압축에 대해 익숙하다. 그런데 우리가 텔레비전이나 DVD 시스템으로 영화를 볼 때도 압축을 경험하고 있다는 사실을 알고 있는가?

요즘은 DVD 세상이지만, 수학도깨비가 어렸을 때는 비디오테이프 천국이었다. 그런데 화질과 음질에서 DVD를 훨씬 뛰어넘는 블루레이의 시대가 다가오고 있다. 가격 문제로 인해 주변에서 블루레이 시스템을 아직은 쉽게 볼 수 없지만 언젠가는 DVD가 사장될 날이 올 것이 분명하다. DVD의 해상도는 720 × 480이고 블루레이의 해상도는 1920 × 1080이다. 무려 6배나 된다. 해상도도 엄청나지만, 음질 측면에서도 DVD와는 엄청난 차이를 보인다.

그런데 영화 원본의 비디오 및 오디오 용량은 엄청나기 때문에 우리가 집에서 원본 그대로 시청한다는 것은 사실상 불가능하다. 따라서 DVD나 블루레이 디스크에 영화를 담기 위해서는 압축을 해야 한다. 블루레이 디스크의 용량이 엄청나다고는 하지만 압축하지 않은 원본을 담기에는 턱없이 부족하다.

수학도깨비가 최초로 구입한 블루레이 영화는 구니스라는 제목의 영화이다. 이 영화에 채용된 오디오 기술은 Dolby TrueHD이라고 불리는 돌비사의 기술이다. Dolby TrueHD은 최고 18Mbps의 비트전송률(bit rate)을 가지는 디지털 압축기술이다. 18Mbps가 어느 정도일까? 텔레비전에서 최근에 방영하는 HD 방송프로의 영상 비트전송률이 대략 그 정도이다. 얼마나 큰 용량인지 알 수 있다. 물론 Dolby TrueHD의 경우에는 최대일 때만 그렇다는 것이지 평균적으로는 훨씬 작다.

Dolby TrueHD은 스튜디오 마스터와 동일하다. 즉 Dolby TrueHD으로 압축된 음향은 전혀 손실되지 않는다. 그러고 보니 수학도깨비가 집에서 원음 그대로 감상

---

26 DOLBY TRUEHD

한 최초의 영화는 구니스인 셈이다.

수학도깨비는 PowerDVD 소프트웨어를 이용해 구니스를 감상했다. 그렇다면 복호화기 역할을 하는 것은 무엇일까? 압축을 푸는 역할을 하는 것이 복호화기이다. 그리고 이 역할을 하는 것은 PowerDVD이다. 물론 PowerDVD 전체가 복호화기인 것은 아니다. 엄밀하게 말해서 코덱이라는 것이 복호화기 역할을 한다.

23rd 코덱

컴퓨터로 영화를 감상하려고 시도할 때 컴퓨터에 코덱이 없다는 오류메시지가 표시되는 경우가 가끔 있다. 이 메시지가 나타나는 이유는 Windows나 플레이어에 기본적으로 포함되어 있지 않은 코덱을 사용하여 압축된 파일을 재생하려고 하기 때문이다. 코덱(CODEC)은 COmpressor/DECompressor의 약어이다. 노래나 비디오 같은 디지털 미디어 파일을 압축하거나 압축을 푸는 데 사용하는 소프트웨어 또는 하드웨어를 코덱이라고 부른다.

현재 수많은 오디오 및 비디오 코덱이 사용되고 있다. 일부는 Microsoft에서 만든 것이지만 대부분의 코덱은 다른 회사나 조직 또는 개인이 만든 것이다. 기본적으로 Windows 운영 체제와 플레이어에는 Windows Media 오디오, Windows Media 비디오 및 MP3 등과 같이 가장 많이 사용하는 코덱이 여러 개 포함되어 있다. 그러나 DivX 비디오 코덱이나 Ogg Vorbis 오디오 코덱으로 압축된 파일처럼 Windows나 플레이어에 기본적으로 포함되어 있지 않은 코덱으로 압축된 콘텐츠를 재생해야 할 경우도 있다. 플레이어는 확장성이 있으므로 대부분의 경우 웹에서 필요한 코덱을 무료로 다운로드할 수 있다. 인터넷에서 사용가능한 무료 코덱 팩을 설치할 때는 주의해야 한다. 코덱 팩의 일부 구성 요소에 있는 것으로 알려진 비호환성으로 인해 플레이어 및 다른 플레이어에 심각한 재생 문제를 일으키고 시스템에 손상을 가져오는 경우가 있기 때문이다. 따라서 이러한 코덱 팩은 설치하지 않는 것이 좋으며 이미 설치하여 플레이어에 문제가 있다면 제거하는 것이 좋다. 아울러 공식적인 공급자의 웹 사이트와 같이 신뢰할 수 있는 승인된 출처의 코덱만 설치하는 것이 바람직하다. 그러나 이러한 경우라 하더라도 많은 코덱 공급자가 고객 지원을 최소로 제공하기 때문에 주의를 기울여야 한다. 디지털 미디어 구성 요소를 설치하기 전에는 시스템 복원 지점을 설정해야 한다고 Microsoft에서 권장하고 있는데 이렇게 하면 필요한 경우 원래의 시스템 구성으로 되돌릴 수 있다.

누락된 코덱을 설치했는데도 파일을 재생할 수 없는 경우가 있다. 이것은 운영 체제 자체가 원인일 수 있다. 코덱은 32비트 또는 64비트 운영 체제용으로 작성될 수 있다. 64비트 버전의 Windows를 실행하는 경우 64비트 코덱을 설치해야 한다. 32비트 코덱을 64비트 운영 체제에 설치하면, 해당 코덱을 필요로 하는 파일을 플레이어에서 재생하지 못할 수도 있다. 특히 오래된 코덱은 32비트 버전에서만 사용할 수 있는 경우가 많다. 만약 코덱이 32비트인지 64비트인지를 코덱 공급자가 밝히지 않은 경우는 32비트 코덱일 가능성이 높다.

파일의 확장명인 .wma, .wmv, .mp3 또는 .avi 등을 보면 파일 형식을 알 수 있다. 그렇다면 코덱과 파일 형식은 사실상 동일한 것일까? 결론부터 말하자면, 그렇지 않다. 그런데 이름이 같은 경우가 있어서 상당히 혼동될 수 있다. 파일 형식은 컨테이너 유형으로 생각할 수 있다. 컨테이너 안에 특정 코덱을 사용하여 압축된 자료가 있다. 보기를 들어 Windows Media 오디오 같은 파일 형식에는 Windows Media 오디오 코덱을 사용하여 압축된 자료가 포함되어 있다. 하지만 AVI[27] 같은 파일 형식에는 MPEG-2, DivX 또는 XviD 코덱을 포함하여 여러 다른 코덱으로 압축된 자료가 포함될 수 있다. 또한 AVI 파일에는 어떤 코덱으로도 압축되지 않은 자료가 포함될 수도 있다. 따라서 파일을 압축하는 데 사용한 코덱과 컴퓨터에 설치되어 있는 코덱에 따라 어떤 AVI 파일은 재생되지만 다른 파일은 재생되지 않을 수 있는 것이다. 또한 AVI 파일의 오디오 부분은 재생되지만 비디오 부분은 재생되지 않을 수 있다.

독자의 컴퓨터에 설치되어 있는 코덱들의 목록을 보고 싶다면 다음 설명대로 하면 된다. Windows Media Player를 실행한 후 **도움말** 메뉴에서 **Windows Media Player 정보**를 클릭한다. 만약 **도움말** 메뉴가 보이지 않는다면 클래식 메뉴를 표시하여라. 그 다음에 **Windows Media Player 정보** 대화 상자에서 **기술 지원 정보**를 클릭한다. 그러면 컴퓨터에 설치된 관련 이진 파일, 코덱, 필터, 플러그 인 및 서비스에 대한 정보가 포함된 웹페이지가 열린다.

---

27 Audio Video Interleaved의 頭文字語(두문자어)

24th MP3

MP3 음악은 이제 대세가 되었다. MP3 기술은 소리를 압축하고 압축된 소리를 해제하는 단계에 적용되는 기술을 국제표준으로 정한 것이다. 그런데 이 MP3 기술은 우리가 지금까지 다루었던 압축기술과 근본적으로 다른 점이 있다. 지금까지 다루었던 것들은 비손실 압축이었다. 무슨 말이냐 하면 우리가 압축을 풀었을 때 그 결과는 원본과 동일하다는 말이다. 하지만 MP3 기술은 손실 압축이다. 즉 MP3 파일은 원본에서 상당수가 소실되어 원본 음악에 비해 음질이 약간 떨어진다. 이것을 音質劣化(음질열화)라고 하는데, 민감한 사람이 아니라면 그다지 신경쓰이지 않을 정도로 손실된 것이어서 별 문제는 없다. MP3 기술은 상당히 효율적인 기술이다. 평범한 사람들이 MP3 음악을 듣기에 음악 CD에 담겨 있는 원본 음악과 별 차이가 없지만 MP3 파일의 용량은 원본에 비해 10분의 1 수준밖에 되지 않는다.

음악 CD의 표본화 주파수는 44100Hz이다. 즉 아날로그 음악 신호를 디지털로 변환할 때 1초에 44100번 신호를 추출한다. 그런데 아날로그 신호를 추출하여 디지털로 변환할 때마다 표본당 비트수를 16비트로 한다. 표본당 비트수란 하나의 표본을 표현하기 위해 필요한 비트수를 말한다. 이 말은 추출된 신호를 65536[28] 단계로 디지털화함을 의미한다. 그런데 음악은 보통 스테레오이다. 즉 2개의 채널을 이용한다. 따라서 1초 동안 연주되는 CD 음악의 크기는

$$16\text{bit} \times 2 \times 44100 = 1411200\text{bit} = 176400\text{Byte} = 172\text{KB}$$

이다. 이러한 상황을 "CD 음악의 비트전송률은 $1411200\text{bps} = 1.3458\text{Mbps}$이다."라고 표현한다. 만약 CD 음악의 연주 시간이 1시간이라면 크기는

$$172\,{}^{\text{KB}}\!/_{1\text{초}} \times 3600\text{초} = 620156\text{KB} = 606\text{MB}$$

이 된다. 이 정도는 CD 한 장 용량보다 조금 작은 용량이다. 그러니까 CD 한 장에 최대 1시간 남짓 되는 음악을 저장할 수 있는 것이다.

---

28 $65536 = 2^{16}$

쉽게 예상할 수 있듯이, 비트율에 정비례해서 파일 용량은 증가한다. 또한 비트율이 크다는 것은 그만큼 음질이 좋다는 것을 뜻한다. 실제로 파일 용량이 비트율에 비례하는지 알아보았다. 수학도깨비가 좋아하는 어떤 곡 하나를 음악사이트인 벅스에서 다운로드해 보았다. 현재 벅스에서는 비트율을 3가지 중에서 선택할 수 있도록 하고 있는데 수학도깨비가 각각에 대하여 다운로드한 뒤 파일 크기를 살펴보았더니 아래의 표와 같았다.

비트전송률	128kbps	192kbps	320kbps
파일 크기	5.99MB	8.97MB	14.9MB

비트율에 정비례해서 파일이 점점 커짐을 알 수 있다.

압축 과정을 간략하게 설명하자면 다음과 같다. 우리 인간은 20Hz부터 20000Hz까지 범위 진동수의 소리를 들을 수 있는데 이 범위의 진동수를 가청진동수라고 말한다. MP3 압축기술은 가청진동수를 우선 32부분으로 나눈 후 각 부분을 18단계로 나눈다. 그러니까 가청진동수를 576조각으로 세분화하는 것이다. 이렇게 세분화된 각각의 조각을 손실압축한다.

펜티엄4 프로세서가 국내에 처음 선보인 때가 2000년 11월이었다. 그때 인텔코리아는 "펜티엄4는 비디오나 MP3 파일 부호화 등에서 우수한 성능을 발휘할 것"이라고 말했었다.

【1】 수학도깨비가 벅스에서 다운로드한 MP3 파일이 음악 CD에 녹음되어 있을 때 용량은 얼마인가?

【2】 수학도깨비가 벅스에서 다운로드한 MP3 파일의 재생시간은 얼마일까?

I 수학도깨비의 친절한 설명

【1】 CD 음악의 비트율이

$$1411200\text{bps} = 1378\text{kbps}$$

이라고 했다. 그런데 파일 용량은 비트율에 비례하므로 아래의 비례식

$$320\text{kbps}: 14.9\text{MB} = 1378\text{kbps}: f$$

에 의해 64.2MB이다.

【2】 방금 계산했던 파일 크기는

$$64.2\text{MB} = 513\text{Mb}$$

이다. 그런데 CD 음악의 비트율이 1.3458Mbps이므로 재생시간은

$$\frac{513\text{Mb}}{1.3458\text{Mbps}} = 381\text{초}$$

에 의해 6분 21초이다.

II 수학도깨비의 보충설명

【2】 수학도깨비가 다운로드한 MP3 파일의 재생시간을 음악 재생 소프트웨어로 확인해 보니 6분 31초였다. 위의 계산결과와 비교해 보아라.

25th Dolby Digital[29]

Dolby TrueHD 기술을 설명할 때 구니스 이야기를 했었다. 그런데 그 영화 디스크에는 다른 포맷으로 된 오디오도 담겨있다. 그건 여기에서 소개하고자 하는 Dolby Digital이다. 1992년 영화 배트맨을 통해 처음 선보인 Dolby Digital은 북미지역의 HDTV 디지털 오디오 표준으로 채택되었다. 우리는 게임 분야에서도 Dolby Digital을 만날 수 있다. Dolby Digital은 Microsoft의 게임기인 XBox에 내장되어 있고 거의 모든 XBox 게임에 포함되어 있다.

MP3처럼 Dolby Digital도 손실 압축이다. 따라서 영화 재생시에 오디오를 Dolby Digital로 설정했다면, 원음을 듣는 것이 아니다.

Dolby Digital 기술은 최대 5.1채널 사운드까지 전송할 수 있고 6개의 채널 각각에 포함되는 사운드 정보는 독립적이다. 그런데 6채널 사운드라고 하지 않고 왜 5.1채널 사운드라고 하는 것일까? 그 이유는 다음과 같다. 5개 채널은 3Hz~20000Hz의 대역을 처리한다. 반면에 1개 채널은 3Hz~120Hz의 저주파를 처리한다. 이때 5개 채널은 전면 좌측 및 우측, 중앙, 서라운드 좌측 및 우측 스피커이다. 저주파를 처리하는 채널은 물론 서브우퍼이다.

가청진동수가 20Hz~20000Hz이라는 것을 이미 언급했음을 기억하자. 사람은 이 범위를 벗어나는 진동수의 소리를 들을 수 없다.

---

29 DOLBY DIGITAL

26th 프레임과 픽처

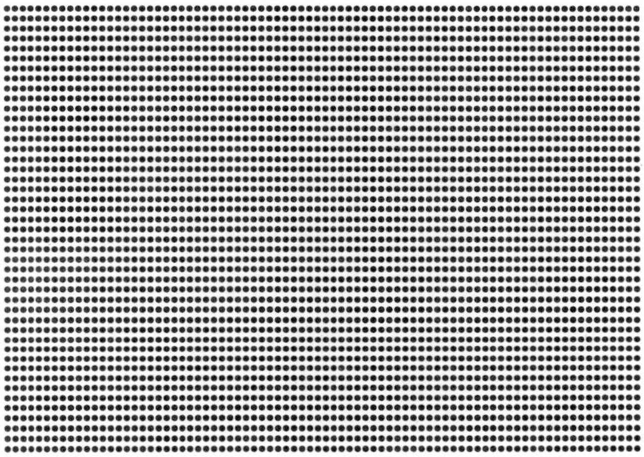

1장의 사진은 위의 그림처럼 수많은 점들로 이루어져 있으며 이러한 하나의 점을 화소[30]라고 한다. 이런 1장의 사진을 영화에서는 1프레임이라고 하며 1초에 24프레임을 연속적으로 전송하여 동영상을 표현한다. 이를 위해서는 모든 화소들의 값을 전기적인 신호로 변환해야 하는데 이때 화소들을 순차적으로 훑어나가면서 전기적인 영상신호를 만들어 내는 일련의 작업을 주사(scanning)라고 한다. 주사방식에는 순차주사와 비월주사가 있다.

1장의 사진을 주사할 때 좌측최상단의 화소에서 시작하여 우측최하단의 화소까지 순차적으로 주사해 나가는 것을 순차주사(progressive scan)라고 한다. 극장용 영화가 순차주사의 좋은 보기이다. 참고로 극장용 영화가 1초에 24프레임이라는 것을 24fps로 나타낸다. 여기에서 fps는 frame per second를 의미한다.

한편, 우리나라 텔레비전 방송은 미국, 일본 등과 같은 NTSC 방식이다. NTSC 방식은 29.97fps의 사양을 갖는 비월주사 방식이다. 비월주사 방식이란 1프레임의 전체 화면을 한번에 그리는 것이 아니라 홀수번째 라인들로만 구성된 화면과 짝

---

30 영어로는 pixel(픽셀)

수번째 라인들로만 구성된 화면을 번갈아가면서 쏘아주는 방식이다. 이 두 화면을 합치면 하나의 온전한 프레임이 구성된다. 이처럼 1프레임이 둘로 나누어진 반쪽짜리 화면을 필드라고 말한다. 그러니까 텔레비전 방송은 1초에 59.94필드를 재생하는 것이고 프레임 기준으로는 29.97fps인 것이다. 이러한 비월주사방식은 화면의 재생률을 높이지 않고서도 세로방향의 해상도를 두 배로 할 수 있어, 제한된 주파수대역으로 해상도를 효율적으로 향상시킨다는 장점이 있다. 그에 반해 화면이 떨리거나 화면이 아래위로 천천히 움직이는 현상이 생기는 단점이 있으며, 특히 움직임이 없는 정지 화상들에서는 화면의 떨림으로 상당히 그슬린다.

프레임과 헷갈릴 수 있는 개념이 있는데 바로 픽처이다. 픽처는 부호화를 수행하는 단위를 말하는 것으로 프레임과 다른 개념이다. 픽처에는 프레임 픽처와 필드 픽처가 있다. 프레임 단위로 부호화하면 프레임 픽처라 하고, 필드 단위로 부호화하면 필드 픽처라고 한다. 비월주사 방식이라 할지라도 프레임 단위로 부호화하면 프레임 픽처이다. 물론 순차주사 방식에서는 필드 픽처를 생각할 수 없다.

27th 화면 간 중복, 화소 간 중복, 통계적 중복

동영상은 수많은 정지화면들을 모아놓은 것이다. 그런데 동영상을 처음 제작하면 용량이 대개 엄청나다. 우리는 비용적·기술적 문제점으로 인해 동영상 원본의 크기를 줄이는 작업을 해야 한다. 이러한 작업을 동영상 압축이라고 한다. 물론 동영상을 압축할 때 무턱대고 압축하면 안 되고 압축하고자 하는 동영상을 분석한 후 화질에 큰 손상이 없도록 해야 한다. 동영상을 압축할 때 우리는 화면 간 중복, 화소 간 중복, 통계적 중복 등을 이용한다.

화면 간 중복은 물체가 출현, 소멸, 이동하는 영역을 제외하고는 현재 화면과 이전 화면이 비슷한 것을 말한다. 화면 간 중복이 가장 자주 나타나는 상황은 아마도 스튜디오를 배경으로 아나운서가 뉴스를 보도하고 있는 상황일 것이다. 현재 화면을 이전 화면과 비교하면 아나운서가 움직인 부분만 다르고 나머지는 상당히 동일하다. 그러므로 현재 화면을 모두 저장하지 않고 바뀐 영역에 해당하는 정보만 저장하면 동영상의 크기를 많이 줄일 수 있다.

화면은 많은 점들로 구성되는데, 이것을 화소라고 부른다. 화소 하나하나는 그 화소의 밝기와 색상을 나타내는 특정 값을 갖는다. 화소 간 중복은 하나의 정지화면 안에서 서로 가까이 있는 화소들끼리 밝기값과 색상값이 동일하거나 별 차이가 없는 것을 말한다. 동영상을 압축할 때 원래의 화소값들을 여러 개의 성분들로 형태를 변환시킨 후 화질에 별로 영향을 미치지 않는 성분들을 제거하고 나머지 성분들만 저장한다. 이때 압축을 수행하기 이전과 수행하고 난 이후를 비교하면, 화소들의 개수는 일정한데 변환된 성분들을 저장하는 개수가 줄어든 것이다. 이러한 화소 간 중복은 화면이 단순할수록 크게 나타나 제거가능한 성분들이 많아진다. 팩스를 생각하면 화소 간 중복을 쉽게 이해할 수 있다. 팩스는 거의 흑백이다. 내용은 검고 바탕은 희다. 이런 경우에는 신호량을 대폭 줄일 수 있다. 그런데 화소 간 중복을 이용하여 동영상을 압축할 때 제거가능한 성분들을 너무 많이 제거하면 화면이 흐려지거나 얼룩이 진다. 화소 간 중복은 우유에서 수분을 없애 전지분유를 만들면 부피가 크게 줄어들긴 해도 원래 우유의 맛이 거의 보존

되는 것에 비유할 수 있을 것이다.

화면 간 중복과 화소 간 중복을 이용하여 이미 많은 부분이 제거된 상태인 동영상에서 어떤 특정값은 나오는 빈도가 높을 것이다. 통계적 중복을 이용한 압축이란 빈도수가 높은 값일수록 더 짧은 부호로 변환하여 저장하는 것을 말한다. 허프만 부호화를 생각하면 된다.

【1】 현재 화면과 이전 화면 사이의 화면 간 중복 정도 측면에서 (가)와 (나)를 비교하여라. 단, 네 화면의 전체 화소 개수는 모두 동일하다.

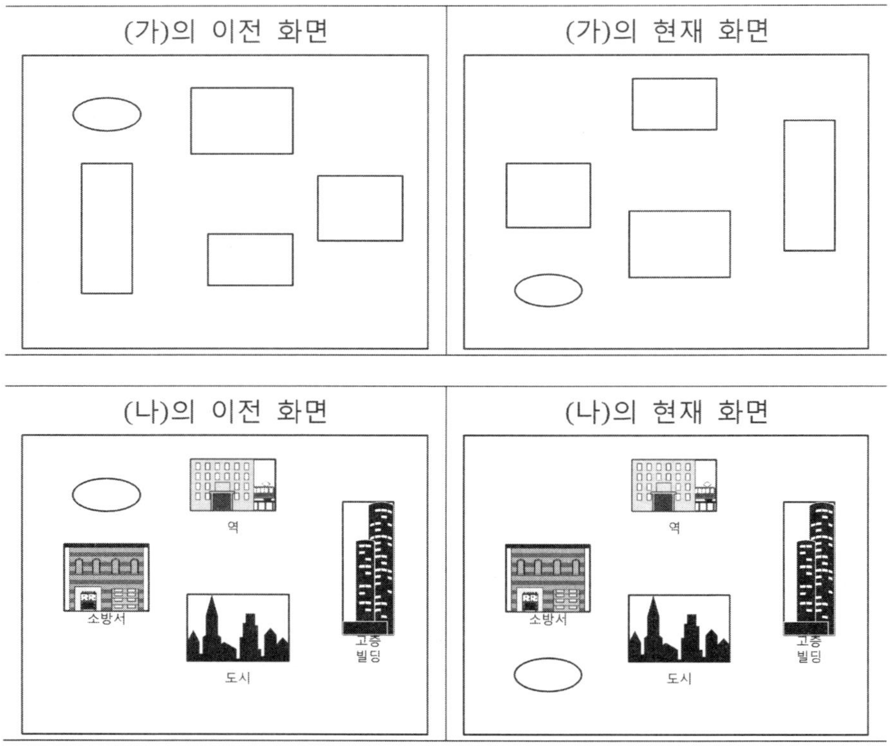

【2】 현재 화면 내의 화소 간 중복 정도 측면에서 (가)와 (나)를 비교하여라.

【3】 아래 그림은 환자의 뇌를 촬영한 CT영상의 일부분을 확대한 것을 나타낸다. 이때 우리는 각 화소의 색상을 수치로 나타낼 수 있다. 수치의 범위는 0~255이며 0는 흰색을 의미하고 255는 검은색을 의미한다.

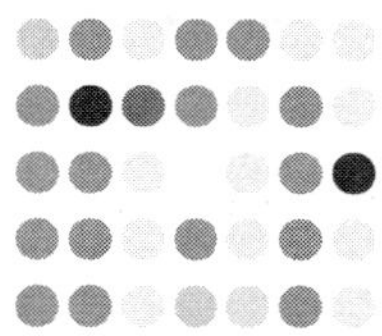

위의 그림에서 정중앙 화소가 훼손되어 색상값을 알 수 없다고 하자. 훼손된 화소의 색상값을 가능한 한 원래의 값에 가깝게 추정하는 방법을 설명해 보아라.

I 수학도깨비의 충고

【1】 화면 간 중복은 말 그대로 두 화면 사이에 비슷한 것이 많은 경우이다.

【2】 화소 간 중복은 말 그대로 가까이 위치해 있는 화소들 사이에 비슷한 것이 많은 경우이다.

【3】 비록 압축에 관한 문항은 아니지만, 화소 간 중복과 관련이 있는 문항이다.

II 수학도깨비의 친절한 설명

【1】 현재 화면과 이전 화면 사이의 화면 간 중복 정도는 (가)가 더 높다.

【2】 현재 화면 내의 화소 간 중복 정도는 (나)가 더 높다.

【3】 화소의 값은 주변의 화소들과 밀접한 관련이 있으므로 정중앙 화소의 값도 이 화소 주변에 있는 화소들의 정보를 이용하여 추정할 수 있다. 우리는 정중앙 화소와 이웃하고 있는 8개 화소값들의 산술평균을 사용할 수 있을 것이다. 혹은 정중앙 화소를 둘러싸고 있는 24개 화소값들을 이용할 수도 있다. 다만 24개를 이용할 경우에는 정중앙 화소와 멀리 떨어져 있을수록 가중치를 작게 주는 가중평균을 사용하는 것이 보다 합리적이라고 할 수 있다

28th HDTV 신호 압축

HDTV 신호 압축에 대해 공부해 보자. 요즈음 텔레비전을 시청하다 보면 HD라는 마크가 종종 나타난다. 그리고 이 마크가 나타나는 방송과 그렇지 않은 방송의 화질을 비교해 보아라. HD 마크가 나타나는 방송의 화질이 훨씬 더 좋다는 것을 금방 알 수 있다. 그럴 수 밖에 없는 것이, HD 방송의 해상도가 HD이 아닌 방송의 해상도보다 몇 배나 되기 때문이다. 텔레비전 방송을 녹화할 수 있는 TV수신카드를 컴퓨터에 장착하여 HD 방송을 수신한 원본 그대로 녹화한 뒤 녹화된 동영상 파일을 확인해 보면 영상의 해상도가 1920×1080임을 알 수 있다. 이것은 앞서 설명했던 블루레이의 해상도이기도 하다. 엄밀하게는 지상파 디지털 텔레비전의 해상도를 다음과 같이 표현한다.

유효 주사선 수	하나의 유효 주사선에 포함된 유효 화소 수	비율
1080	1920	16:9

여기에서 유효 주사선 수는 화면 내 유효 주사선의 수를 말한다. 참고로 HDTV의 전체 주사선 수는 일반적으로 1125이다. $1125 - 1080 = 45$에 해당하는 주사선은 화면을 벗어난다.

그런데 텔레비전의 HD 방송도 사실은 압축되어 있는 것이다. 이것을 시청자의 텔레비전이 압축하는 것이라고 생각하면 안된다. 압축은 방송국에서 이미 수행되어진 것이다. 방송국에서는 그들이 압축한 것을 전파로 내보내는 것이고, 이 전파를 수신한 텔레비전이 압축을 푼 후 화면에 표시하는 것이다.

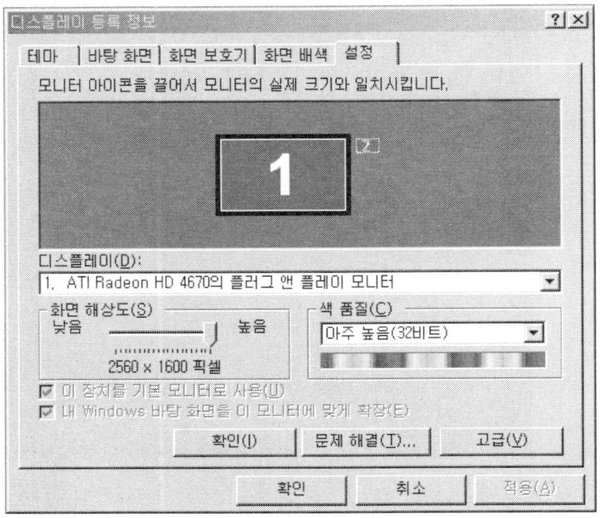

영상 압축에 대해 본격적으로 공부하기 앞서 컴퓨터의 모니터 화면을 대상으로 해서 설명할 것이 있다. 지금부터 수학도깨비가 시키는 대로 하길 바란다. 독자의 컴퓨터의 바탕화면에서 마우스 오른쪽 단추를 클릭한 뒤 속성을 선택하여라. 수학도깨비 말대로 하고 나면, 디스플레이 등록 정보 대화 상자가 나타난다. 이 대화 상자의 설정 탭에서 색 품질 항목을 보아라. 독자의 컴퓨터의 경우 어떻게 설정되어 있는가? 위에서 볼 수 있듯이 수학도깨비는 32비트로 설정해 놓고 쓰고 있다.

수학도깨비는 30인치 모니터를 사용하기 때문에 최대 해상도가 2560×1600이다. 색 품질이라는 것은 픽셀[31] 하나를 표현하는 데 소요되는 용량을 말한다. 위에서 색 품질이 32비트라는 것은 4바이트를 사용하여 픽셀 하나를 표현한다는 것을 의미한다. 그러므로 수학도깨비가 사용 중인 모니터의 화면을 나타내려면

$$2560 \times 1600 \times 4\text{byte} = 16384000\text{B} = 16000\text{KB} = 15.6\text{MB}$$

만큼의 용량이 필요하다. 이것은 정지화면 하나에 대한 용량이다.

이제 수학도깨비가 사용 중인 해상도가 아니라 흔히 full HD이라고 불리우는 1920×1080 해상도를 기준으로 설명하도록 하겠다. 해상도가 1920×1080이면

---

31 화소를 영어로 픽셀이라고 한다.

화면이 총 2073600[32]개의 픽셀로 구성된다. 픽셀 하나당 24비트[33]를 사용한다면 화면 전체를 표현하기 위해 필요한 용량은

$$2073600 \times 3\text{byte} = 6220800\text{B} = 6075\text{KB} = 6\text{MB}$$

가 된다. 그런데 텔레비전 방송은 정지 화면을 1초에 30번 연속적으로 내보낸다. 따라서 1초 동안의 영상 자료 용량은

$$2073600 \times 3\text{byte} \times 29.97 = 178\text{MB}$$

가 된다. 100초 동안의 영상이라면

$$2073600 \times 3\text{byte} \times 29.97 \times 100 = 17\text{GB}$$

가 되고, 20분 동안의 영상이라면 무려

$$2073600 \times 3\text{byte} \times 29.97 \times 1800 = 208\text{GB}$$

가 된다.

그런데 TV수신카드를 이용하여 실제로 30분 동안 녹화한 동영상의 크기를 보면 2.6GB 정도밖에 되지 않는다. 더군다나 위에서 계산한 208GB는 음향이 제외된 용량이지만 2.6GB는 음향까지 포함된 것이다. 이 사실이 의미하는 바는 엄청나게 놀라울 정도의 압축을 방송국에서 수행하고 있다는 것이다.

지상파 디지털 방송 시스템에서는 막대한 양의 자료를 전송한다. 대한민국 디지털 지상파 방송에서는 방송신호를 현재 약 20Mbps[34]의 비트율로 각 가정에 보내고 있다. 그런데 HDTV의 원자료 양은 1Gbps 이상이어서, 이 채널에 HDTV 영상을 전송하려면 50분의 1 이하로 압축해야 한다. 영상 신호와 음향 신호를 구분해서 신호원 압축에 관해 알아보자.

---

[32] $2073600 = 1920 \times 1080$

[33] *지상파 디지털 TV 방송 송수신 표준*에 의하면 표본당 비트수는 16비트 이상 24비트 이하로 한다.

[34] *지상파 디지털 TV 방송 송수신 표준*에 의하면 영상 신호를 부호화할 때 초당 필요한 최대 비트수는 19.39265846Mbps이다. 그리고 이 표준은 음향 신호의 경우 최대 0.5Mbps로 정하고 있다. 합하면 20Mbps 정도이다.

모든 텔레비전 신호는 상당한 양의 중복되는 정보와 화상에 큰 영향을 주지 않는 신호가 있으므로 압축이 가능하다. 대한민국 디지털 지상파 방송에서 사용하는 비디오 압축 방식은 MPEG-2 방식이다. MPEG-2 방식에서 비디오 신호를 압축하기 위해서 사용하는 특성은 다음과 같은 것이 있다. 먼저 화면의 한 프레임 내에 있는 각 화소[35]값은 독립적이지 않고 같은 프레임 내의 다른 부분과 연관성을 가지고 있다는 것이다. 보기를 들면 아나운서가 회색 양복을 입었을 때, 옷에 해당되는 많은 화소값은 같은 값을 가지게 된다. 이 부분을 다 보내지 않고 회색이 반복되는 횟수를 표시해주면 데이터의 양이 대폭 줄어들게 된다. 또한 어떤 프레임은 다른 프레임과 밀접하게 관련되어 있다. 뉴스의 경우를 보기로 들자면, 배경과 아나운서는 변하지 않고 입모양만 바뀌는 경우가 많이 있다. 이러한 경우에 전체 배경과 아나운서에 관한 자료를 한번만 보내주고, 입모양에 관한 자료만 보내주면 된다. 또 디지털 신호는 많이 나오는 신호와 적게 나오는 신호가 있다. 많이 나오는 신호에는 적은 길이의 부호를 할당하고, 적게 나오는 신호에는 긴 부호를 할당하여 전체 정보량을 줄일 수 있다. 그 외에, 빠른 변화는 사람의 눈이 잘 쫓아가지 못한다는 시각 특성도 이용한다. 영상 신호 압축을 수행한 결과가 최대 19.39265846Mbps이어야 하는 것이다.

이제 HDTV 음향 쪽으로 이야기를 할 것이다. HDTV 음향 신호쪽은 상황이 어떨까? 음향 신호도 압축되어 있는 것일까? 물론 음향 신호도 압축되어 있을 것이라고 쉽사리 짐작할 수 있을 것이다. 실제로도 그렇다. 국내 지상파 디지털 TV의 음향압축기술도 돌비사의 기술을 채용하고 있다. 바로 AC-3 기술이다. 구체적으로 압축 규격에 대해 말하자면 다음과 같다. *지상파 디지털 TV 방송 송수신 표준*에 의하면 음향 신호가 동시에 복호화되어야 하는 초당 필요한 비트수를 최대 512kbps로 정하고 있고 표본화 주파수는 수신기의 복잡도를 고려하여 48000Hz로 정하고 있다. 음악 CD의 표본화 주파수는 44100Hz라고 수학도깨비가 설명했다는 사실을 기억하는가? 또한 이 표준은 방송용 품질을 유지하기 위해 표본당 비트수를 16비트 이상 24비트 이하로 정하고 있다.

---

[35] 픽셀과 동일한 의미의 용어

【문1】 색 품질이 32비트일 경우 최대 몇 가지 색을 표현할 수 있는가?

【문2】 텔레비전 방송은 카메라의 신호를 VTR에 담아 편집과정을 거쳐 최종 완제품 테이프를 TV주조정실에서 송출하는 구조를 가지고 있다. 카메라에서 나오는 신호는 압축되지 않은 원본으로 1.5Gbps의 신호량을 가지고 있고, 테이프에 실리는 과정에서 144Mbps로 압축이 한번 일어나고 이 테이프가 TV주조정실을 통해 대략 20Mbps로 최종 송출이 된다. 압축률을 계산하여라.

【문3】 120000개의 화소로 구성되어 있고 밝기를 64단계로 구분할 수 있는 흑백 모니터가 있다. 64단계의 발생확률이 동등하다고 가정할 경우 화소 하나의 정보량은 얼마인가?

【문4】 문항【3】에서 한 프레임의 정보량은 얼마인가?

I 수학도깨비의 충고

네 문항 모두 기본적인 개념을 묻는 질문이다.

II 수학도깨비의 친절한 설명

【1】 일반적으로, n개의 비트로 2^n가지를 표현할 수 있다. 따라서 색 품질을 32 비트로 설정하면, 최대 $2^{32} = 4294967296$가지의 색을 표현할 수 있게 된다.

【2】 압축률은

$$\frac{20\text{Mbps}}{1.5\text{Gbps}} = \frac{20\text{Mbps}}{1536\text{Mbps}} = 1.3\%$$

이다.

【3】 화소 하나의 정보량은

$$\log_2 64 = 6\text{비트}$$

이다.

【4】 화면이 120000개의 화소로 구성되어 있는데 화소 하나의 정보량이 6비트이므로 한 프레임의 정보량은

$$6\text{비트} \times 120000 = 720000\text{비트}$$

이다.

29th H.264/AVC

MPEG은 전자공학을 전공하지 않은 사람들에게도 상당히 친근한 용어이다. MPEG은 Moving Picture Experts Group의 頭文字語(두문자어)로서 전세계의 관련기술자들이 모여 1988년에 결성한 국제기구의 약식명칭이다.

MPEG의 최초 결과물이었던 MPEG-1 표준의 당초 목적은 "1시간짜리 영화를 CD-ROM에 담자."였다. 1.5Mbps급 이상의 저장매체를 목표로 했던 MPEG-1은 CD-ROM에 동영상을 넣어 Video-CD로 판매되었다. 가장 일반적인 MPEG-1 표준 구현은 30fps의 352×240 비디오 해상도를 제공한다. 이 표준을 사용하면 일반 VCR 비디오보다 약간 낮은 품질의 비디오를 수신하게 된다.

MPEG-1의 성공적 체험을 바탕으로, 좀더 고화질을 실현하기 위해 MPEG-2 표준화 작업이 시작되었다. 이 표준의 첫째 목적은 방송용의 화질을 얻는 것이었다. 5Mbps급 이상의 MPEG-2 표준은 1995년에 DVD의 포맷으로 채택되었으며 국내의 경우 현재 디지털 방송에 MPEG-2을 적용하고 있다.

최근에는 MPEG-4이 빠르게 확산되고 있는 추세이다.

그런데 현재진행형으로 널리 퍼지고 있는 MPEG-2과 MPEG-4이 H.264로 서서히 세대교체되고 있는 중이다. 표준화에 참여한 기술자들에 의하면 H.264의 압축률이 MPEG-2의 압축률의 절반에도 미치지 않는다고 한다. 심지어 어떤 동영상은 4분의 1의 압축률에서도 같은 화질을 얻는 경우가 있다.

아마도 H.264/AVC보다 압도적으로 우수한 동영상 압축방식이 등장하기는 힘들지 않나 싶다. 즉, 동영상 압축기술이 거의 한계에 도달하지 않았나 하는 것이 수학도깨비의 생각이다.

30th 멀티미디어 파일을 압축해도 효과가 없는 이유

압축소프트웨어를 이용하여 GIF, JPG, MP3 음악파일, MPG 영화파일과 같은 멀티미디어 파일의 압축을 수행해 본 적이 있는가? 실제로 해보면 그런 종류의 파일의 경우 압축효과가 거의 없다는 사실을 알게 된다. 이처럼 파일의 종류에 따라 압축효과가 크게 다르다는 사실을 경험적으로 알고 있는 독자가 꽤 있을 것이다. 본 책을 충실하게 읽은 독자라면 멀티미디어 파일을 압축해도 효과가 거의 없는 이유가 무엇인지 이제 확실히 알 수 있을 것이다. 멀티미디어 파일의 경우 이미 고도로 압축되어 있는 상태여서 더 이상 압축효과가 없는 것이다.

그런데 .bmp 확장명을 가진 그림 파일이 상당히 압축되는 경우가 종종 있다. 이것은 bmp 포맷이, 항상 그런 것은 아니지만, 일반적으로 압축하지 않고 그림으로 저장하는 포맷이기 때문이다.

31st 패리티비트

일련의 기호로 구성되는 메시지가 전송되고 우리가 이 메시지를 받는다고 하자. 여기에서 기호는 0와 1로만 구성되어 있다. 메시지를 보낸 사람에게 물어봐서 확인하지 않고 우리가 받은 메시지가 올바른지 알아낼 수 있는 방법이 있을까? 이것이 가능한데 그 방법들을 생각해 보자. 그 전에 메시지에 오류가 발생할 가능성이 매우 작다고 가정하자. 좀더 구체적으로 오류가 발생할 확률이 십만 분의 일이라고 생각하면 된다. 또한 각 기호에 오류가 발생하는 것은 다른 기호에 전혀 영향을 미치지 않는다고 가정하자. 만약 메시지의 길이가 11개의 비트라면 이 메시지에 오류가 하나 있을 확률은 대략 만 분의 일이고 2개 있을 확률은 훨씬 작은 값이다. 따라서 이 경우에 한 메시지에 오류가 2개 있을 가능성은 무시하고 오류가 하나 있을 경우에 그 오류를 검출하는 방법만을 생각해 보자.

보내고자 하는 메시지는 10100110101이다. 그런데 메시지만 보내는 것이 아니라 메시지의 맨 뒤에 패리티비트라고 부르는 비트 하나를 추가한 후 상대방에게 보낸다. 패리티비트는 다음과 같이 결정된다. 원래의 메시지에 1의 개수가 몇 개인지 세어서 1의 개수가 짝수개라면 패리티비트는 0이고 홀수개라면 패리티비트는 1이다. 10100110101의 경우 6개의 1가 있으므로 패리티비트를 0로 한다. 패리티비트가 합쳐진 메시지 101001101010를 받은 우리는 원래의 메시지와 패리티비트를 조사함으로써 오류가 발생했는지 알 수 있다. 그런데 이 방법에는 문제점이 있다. 오류가 홀수개일 때에는 전송과정에서 오류가 발생했음을 쉽게 알 수 있으나 오류가 짝수개일 때에는 그렇지 않다. 물론, 오류가 2개 이상 발생할 가능성이 매우 작아서 이 상황을 고려하지 말자고 했었지만!

한편, 이 방법은 또 하나의 치명적인 문제점을 갖는다. 그것은 이 방법을 써서 메시지에 오류가 발생했음을 안다 하더라도 어느 위치에서 오류가 발생한 것인지 알 수 없다는 것이다. 이 경우에 우리가 할 수 있는 일이라고는 메시지를 다시 보내 달라고 요청하는 것뿐이다.

【1】 첫 번째 밑줄 친 부분의 확률을 계산하는 정확한 식을 써라.

【2】 본문에서 설명하고 있는 방법을 패리티검사라고 한다. 두 번째 밑줄 친 부분을 자세하게 설명하여라.

I 수학도깨비의 충고

패리티검사 원리 이해를 통해 수학적 사고력을 향상시키는 것을 목적으로 한다.

II 수학도깨비의 친절한 설명

【1】 메시지를 '$b_1b_2b_3b_4b_5b_6b_7b_8b_9b_{10}b_{11}$'[36]라고 하자. 그리고 메시지를 구성하는 기호 b_i에만 오류가 발생하고 나머지 기호에는 오류가 발생하지 않는 사건을 E_i이라고 하자. 오류가 1개 있을 모든 사건은 $\bigcup_{i=1}^{11} E_i$이므로, $\Pr\left[\bigcup_{i=1}^{11} E_i\right]$으로 확률을 계산할 수 있다. 그런데 $\Pr[E_i]$은 이항분포의 확률이다. 즉

$$\Pr[E_i] = \frac{1}{100000} \times \left(\frac{99999}{100000}\right)^{10}$$

이다. 결론적으로 오류가 1개 있을 확률은

$$\Pr\left[\bigcup_{i=1}^{11} E_i\right] = \sum_{i=1}^{11} \Pr[E_i] = \sum_{i=1}^{11} \frac{1}{100000} \times \left(\frac{99999}{100000}\right)^{10} = \frac{1}{100000} \times \left(\frac{99999}{100000}\right)^{10} \times 11$$

이다.

오류가 2개 있을 확률도 이항분포의 확률로 계산하면 된다. 11개의 기호에서 2개의 기호에 오류가 발생하고 나머지 9개의 기호에는 오류가 발생하지 않을 확률은

$$\left(\frac{1}{100000}\right)^2 \times \left(\frac{99999}{100000}\right)^9$$

이다. 이 값에 11개의 기호에서 2개의 기호를 선택하는 조합의 가짓수를 곱해주

---

36 곱셈연산을 하는 것이 절대 아니다. 단지 11개의 비트로 구성되어 일렬로 늘어서 있는 메시지일 뿐이다.

면 구하는 확률이 된다. 결론적으로 오류가 2개 있을 확률은

$$\left(\frac{1}{100000}\right)^2 \times \left(\frac{99999}{100000}\right)^9 \times {}_{11}\mathrm{C}_2 = \left(\frac{1}{100000}\right)^2 \times \left(\frac{99999}{100000}\right)^9 \times 55$$

이다.

【2】 만약 원래 보내고자 했던 메시지에 오류가 하나 발생한다면 전송된 메시지가 패리티비트와 맞지 않아서 오류가 발생했음을 쉽게 알 수 있다. 또한 전송 중에 패리티비트에 오류가 발생해도 마찬가지이다. 어쨌든 오류가 하나라면 메시지가 패리티비트와 무조건 맞지 않는다.

만약 원래 보내고자 했던 메시지에 오류가 2개 발생한다면 상황이 더욱 심각해진다. 이 경우에 전송된 메시지와 패리티비트가 맞으므로 오류가 발생하지 않았다고 오판하게 된다. 또한, 원래의 메시지에 오류가 하나 발생했고 패리티비트에 오류가 하나 발생한 경우에도 전송된 메시지와 패리티비트가 서로 맞으므로 오류가 발생하지 않았다고 오판하게 된다.

만약 원메시지에 오류가 3개 발생한다면 전송된 메시지가 패리티비트와 맞지 않아서 오류가 발생했음을 쉽게 알 수 있다. 또한 전송 중에 패리티비트에 오류가 발생하고 원메시지에 오류가 2개 발생해도 마찬가지이다. 어쨌든 오류가 3개라면 메시지가 패리티비트와 무조건 맞지 않는다.

위와 같이 짝수개의 오류에 대해서는 오류발생을 검출하지 못한다.

32nd ASCII[37]에 적용된 패리티비트

ASCII 이야기를 다시 한 번 할 때가 되었다. 부록A의 ASCII 문자표를 보면 알 수 있듯이, 원래 ASCII는 7비트 부호이다. 그러나 컴퓨터에서 자료를 저장하는 최소단위가 실제로는 1바이트이기 때문에, ASCII도 실제로는 기호당 보통 8비트를 사용한다. 이때 추가된 하나의 비트는 목적에 따라 여러 가지 용도로 활용될 수 있다. 구체적으로 말하자면, 추가된 비트를 무조건 1로 할당하는 경우가 있다. 상황에 따라서는, 추가된 비트를 임의로 두고 전혀 사용하지 않을 경우가 있다. 가장 흔하게 활용되는 방식은 전체 8개의 비트들에서 1의 총개수가 짝수 혹은 홀수가 되도록 설정하는 것이다.

전체 8개의 비트들에서 1의 총개수가 짝수 혹은 홀수가 되도록 설정하는 이유는 무엇이겠는가? 독자여러분은 아마 곧바로 대답할 수 있을 것이다. 비트 하나의 오류를 검출하기 위해서라고!

---

37 American Standard Code for Information Interchange의 頭文字語(두문자어)로 [아스키]로 발음한다.

33rd ISBN를 통해 공부하는 패리티검사

ISBN는 주민등록번호와 비슷하게 책마다 부여된 고유한 식별자이다. 원래는 10자리 숫자였으나 넘쳐나는 출판물로 인해 2007년부터는 13자리 숫자를 사용하고 있다. ASCII에 하나의 패리티비트를 첨가시킨 것과 비슷하게 ISBN에도 하나의 검사숫자가 포함되어 있다. 총 13자리 숫자로 구성된 ISBN의 맨 마지막 13번째 숫자가 바로 검사숫자이다.

검사숫자를 계산하는 방법은 다음과 같다. 1번째부터 12번째까지 각 숫자에 1와 3를 번갈아 가며 곱한 값을 모두 더한다. 그 다음에 합의 결과를 10로 나눈 나머지를 구한다. 10에서 이 나머지를 뺀 값이 검사숫자가 되는데, 만약 검사숫자가 10일 경우에는 0로 한다. 그러면 수학도깨비 시리즈 첫번째 책의 ISBN인 978-89-8172-771-0를 통해 검사숫자 0가 올바르게 계산되었는지 알아보자. 1번째부터 12번째까지 각 숫자에 1와 3를 번갈아 가며 곱한 값을 모두 더하면

$$9 \times 1 + 7 \times 3 + 8 \times 1 + 8 \times 3 + 9 \times 1 + 8 \times 3 + 1 \times 1 + 7 \times 3 + 2 \times 1 + 7 \times 3 + 7 \times 1 + 1 \times 3 = 150$$

이다. 합의 결과 150를 10로 나눈 나머지는 0이다. 10에서 나머지 0를 빼면 10이다. 그러므로 검사숫자는 0이다. 올바른 ISBN!

13개의 숫자가 모두 올바른 것인지 한꺼번에 확인하는 방법도 간단하다. 처음 12개의 숫자에 1와 3를 번갈아 가며 곱한 값을 모두 더한 값에 검사숫자를 합친 뒤 10로 나눈다. 나머지가 0이면 제대로 된 ISBN이다.

34th 확장 ASCII

오래간만에 ASCII 이야기를 한 김에 더 자세한 이야기를 해도 괜찮을 것 같다.

최초로 표준화된 ASCII만으로는 표현에 많은 제약이 따른다. 그리하여 확장 ASCII가 등장하게 되었다. 확장 ASCII는 좀더 다양한 문자를 입력할 때 사용할 수 있다. 확장 ASCII에는 ASCII에 있는 128개의 문자와 128개의 추가 문자를 합하여 모두 256개의 문자가 포함되어 있다. 부록B의 문자표는 ASCII 이후에 추가된 128개의 문자들이다.

그러나 이러한 추가 문자로도 특정 언어의 기호를 모두 나타낼 수 없는 경우가 여전히 많았다. 이 때문에 국가별 문자 및 기호를 처리하기 위한 ASCII 변형이 등장했다. 보기를 들어 ISO 8859-1이라고 하는 ASCII는 북아메리카, 서유럽, 오스트레일리아 및 아프리카 언어를 대상으로 하는 대부분의 소프트웨어 프로그램에서 사용된다.

확장 ASCII의 소스알파벳은 256개의 원소로 구성된 집합이다.

35th 유니코드

기본적으로 컴퓨터는 숫자만 처리한다. 글자나 다른 문자에도 숫자를 지정하여 저장한다 유니코드가 개발되기 전에는 이러한 숫자를 지정하기 위해 수백 가지의 다른 부호화 시스템을 사용했다. 그러나 단일 부호화 방법으로는 모든 문자를 포함할 수 없었다. 보기를 들어 유럽 연합에서만 보더라도 모든 각 나라별 언어를 처리하려면 여러 개의 다른 부호화 방법이 필요하다. 영어와 같은 단일 언어의 경우도 공통적으로 사용되는 모든 글자, 문장 부호 및 테크니컬 기호에 맞는 단일 부호화 방법을 갖고 있지 못했다.

이러한 부호화 시스템은 또한 다른 부호화 시스템과 충돌한다. 즉 두 가지 부호화 방법이 두 개의 다른 문자에 대해 같은 번호를 사용하거나 같은 문자에 대해 다른 번호를 사용할 수 있다. 주어진 모든 컴퓨터(특히 서버)는 서로 다른 여러 가지 기호화 방법을 지원해야 한다. 그러나, 데이터를 서로 다른 부호화 방법이나 플랫폼 간에 전달할 때마다 그 데이터는 항상 손상의 위험을 겪게 된다.

그리하여 등장한 것이 유니코드이다. 우리는 유니코드로 모든 문제를 해결할 있다. 유니코드는 사용 중인 플랫폼, 프로그램, 언어에 관계없이 문자마다 고유한 숫자를 제공한다. 이러한 유니코드 표준은 Apple, HP, IBM, JustSystems, Microsoft, Oracle, SAP, Sun, Sybase, Unisys 및 기타 여러 회사와 같은 업계 선두주자에 의해 채택되었다.

Microsoft는 유니코드를 사용함으로서 얻게 된 다음과 같은 장점을 언급한다. 유니코드를 지원하는 단일 소스 코드 기반을 채택함으로써 개발 시간이 대폭 단축되었다고 Microsoft는 밝히고 있다. Windows® 2000의 경우 영어 버전의 제품을 출시한 후 다른 언어 버전을 준비하는 데 수 개월이 걸렸지만 Windows XP의 경우에는 이 시간이 수 주로 단축되었다고 한다.

유니코드 문자 코드에 해당하는 유니코드 문자를 삽입하는 방법은 다음과 같다. 보기를 들어 20AC를 입력하고 Alt키를 누른 채 X키를 누르면, 유로화 기호 €가

삽입된다.

선택한 문자의 유니코드 문자 코드를 알고 싶다면, Alt키를 누른 채 X키를 누른다.

유니코드는 현재까지도 꾸준히 업데이트되고 있다. 유니코드는 원래 16비트 코드였다. 즉 최대 65536[38]개의 문자들(characters)을 표현할 수 있었다. 그러나 얼마 전에 이 한계를 넘어섰다. 2009년 2월 현재 가장 최신 버전은 5.1.0인데 이 버전의 유니코드는 100,000개가 넘는 문자들(characters)을 포함하고 있다. 이 정도라면 극히 일부를 제외하고는 지구상에 존재하는 모든 문자들을 포함하고 있다고 생각해도 될 것이다.

【1】 100,000개의 문자들을 표현하는 데 필요한 최소비트는 몇 비트인가?

【2】 컴퓨터에서 자료를 저장하는 최소단위는 1바이트라는 사실로부터, 최근의 유니코드는 몇 바이트 체계라고 예상할 수 있는가?

3838 $65536=2^{16}$

I 수학도깨비의 충고

【1】 n개의 비트로 표현할 수 있는 최대가지수가 2^n라는 사실을 안다면 간단히 해결할 수 있다.

【2】 윗문항에서 계산한 결과를 바탕으로 하여 예상해야 한다.

II 수학도깨비의 친절한 설명

【1】 16개의 비트로 표현할 수 있는 최대가지수는 65,536이다. 또한 17개의 비트로 표현할 수 있는 최대가지수는 131,072이다. 그러므로 100,000개의 문자들을 표현하려면 최소한 17비트가 있어야 한다.

【2】 17비트는 2바이트와 3바이트 사이이므로, 최근의 유니코드는 3바이트 체계라고 예상할 수 있다.

36th 블록합검사

블록합검사는 패리티검사의 2차원 확장판이라고 말할 수 있는 방법이다.

전송하고자 하는 메시지가 ASCII로 '1100010110111111011111101011'이라고 하자. 이것은 'book'에 해당한다. 메시지를 문자마다 끊어 아래

$$\begin{matrix} 1 & 1 & 0 & 0 & 0 & 1 & 0 \\ 1 & 1 & 0 & 1 & 1 & 1 & 1 \\ 1 & 1 & 0 & 1 & 1 & 1 & 1 \\ 1 & 1 & 0 & 1 & 0 & 1 & 1 \end{matrix}$$

와 같이 직사각형 형태로 배열한다.

모든 행에 대해서 패리티검사를 하고 모든 열에 대해서 패리티검사를 하면 아래

$$\begin{matrix} 1 & 1 & 0 & 0 & 0 & 1 & 0 & 1 \\ 1 & 1 & 0 & 1 & 1 & 1 & 1 & 0 \\ 1 & 1 & 0 & 1 & 1 & 1 & 1 & 0 \\ 1 & 1 & 0 & 1 & 0 & 1 & 1 & 1 \\ 0 & 0 & 0 & 1 & 0 & 0 & 1 & 0 \end{matrix}$$

와 같다. 송신기는 '1100010111011110110111101101011100010010'을 전송하면 된다.

전송 도중 메시지에서 하나의 오류가 발생했다고 하자. 이 경우에 그 오류비트가 속한 행과 열의 패리티검사에 실패하게 된다. 그리하여 수신측에서 오류 위치를 알 수 있다.

전송 도중 패리티비트에서 하나의 오류가 발생했다고 하자. 이 경우에는 맨 오른쪽 하단의 패리티비트 때문에 수신측에서 오류 위치를 알 수 있다.

결론적으로, 블록합검사는 단일 오류의 경우 그 위치를 찾아내 정정할 수 있다.

오류를 단일오류와 군집오류로 나눌 수 있다. 2개 이상 발생된 오류를 군집오류라고 하는데, 블록합검사는 군집오류에 취약하다.

【1】 원메시지에 오류가 4개 발생한 경우에서 오류정정을 할 수 없는 한 가지 보기를 설명하라.

【2】 원메시지에 오류가 2개, 패리티비트에 오류가 2개 발생한 경우에서 오류정정을 할 수 없는 한 가지 보기를 설명하라.

I 수학도깨비의 충고

【1】 여러 다양한 경우에 대해서 생각해 봐야 한다.

【2】 윗문항을 해결할 수 있다면 본 문항을 쉽게 해결할 수 있다.

II 수학도깨비의 친절한 설명

【1】 전송 도중 아래

$$\begin{matrix} 1 & 1 & 0 & 0 & 0 & 1 & 0 & 1 \\ 1 & 1 & 0 & 1 & 1 & 1 & 1 & 0 \\ 1 & 1 & 0 & 1 & 0 & 0 & 1 & 0 \\ 1 & 1 & 0 & 1 & 1 & 0 & 1 & 1 \\ 0 & 0 & 0 & 1 & 0 & 0 & 1 & 0 \end{matrix}$$

와 같이 4개의 오류가 직사각형 배열에서 한데 몰려 발생했다고 하자. 이때 모든 패리티검사가 다 성공하므로 오류가 없다고 판단하게 된다.

【2】 전송 도중 아래

$$\begin{matrix} 1 & 1 & 0 & 0 & 0 & 1 & 0 & 1 \\ 1 & 1 & 0 & 1 & 1 & 1 & 1 & 0 \\ 1 & 1 & 0 & 1 & 1 & 1 & 1 & 0 \\ 1 & 0 & 1 & 1 & 0 & 1 & 1 & 1 \\ 0 & 1 & 1 & 1 & 0 & 0 & 1 & 0 \end{matrix}$$

와 같이 4개의 오류가 직사각형 배열에서 한데 몰려 발생했다고 하자. 이때 모든 패리티검사가 다 성공하므로 오류가 없다고 판단하게 된다.

37th WinRAR에서 채택한 순환중복검사

현재 수학도깨비가 사용하는 압축소프트웨어는 WinRAR이다. WinRAR로 임의의 파일 하나를 압축한 후 WinRAR로 그 압축된 파일을 열어보아라. 압축 전 파일 크기, 압축 후 파일 크기, 압축률, CRC32값이 표시되어 있음을 알 수 있다. CRC 뒤에 붙어있는 32는 CRC값이 32비트임을 의미한다. CRC는 무엇일까?

다음과 같은 상황을 상상해 보자. 엄청난 크기의 2개의 파일이 존재하고 이 두 파일이 완전히 동일한 파일인지 알아내야 하는 상황이다. 두 파일은 서로 다른 컴퓨터에 저장되어 있고 네트워크로 두 컴퓨터가 연결되어 있지도 않다. 이런 상황에서 독자여러분은 두 파일을 어떻게 비교할 것인가? 완벽에 가까울 정도로 믿을 수 있는 해결책은 순환중복검사를 수행하는 것이다. 순환중복검사에서 16비트를 검사비트로 할 경우 단일 비트 오류를 100%, 2개의 비트 오류를 100%, 홀수개의 오류를 100%, 16비트 미만의 군집오류를 100%, 16비트의 군집오류를 99.9969%, 기타 모든 군집오류를 99.9984% 잡아낸다. 잡아낸다고 표현했는데, 오류를 정정할 수 있는 능력까지는 없다.

순환중복검사는 메시지를 다항식으로 취급한다. 그리고 송신기와 수신기 둘 다 공통적으로 생성다항식이라고 불리는 다항식을 활용한다. 이때 r비트의 CRC 체크섬을 계산하기 위해 생성다항식의 최고차수는 r이어야 한다.

CRC32를 설명하면 너무 길어지므로, 편의상 CRC16로 설명하겠다. 원리는 동일하니 CRC32를 이해하는 데 문제될 것이 전혀 없다. 원메시지가 21비트의 100100000001000001001라고 하자. 그리고 생성다항식이라고 불리는 17비트 다항식으로 $x^{16}+x^{12}+x^5+1$을 적용하도록 하자. 원메시지를 20비트 다항식으로 변환하면 $x^{20}+x^{17}+x^9+x^3+1$이다.

생성다항식의 최고차항 x^{16}을 메시지다항식에 곱해서 얻은 $x^{36}+x^{33}+x^{25}+x^{19}+x^{16}$을 생성다항식으로 나누면[39], 나머지는 $x^{15}+x^{14}+x^{12}+x^{11}+x^9+x^6+$

[39] Modulo-2 계산법으로 나눗셈 연산을 수행해야 한다.

x^3이다. 나머지다항식을 비트열로 변환하면 1101101001001000이고 이 비트열을 원메시지의 뒤에 덧붙인 10010000000100000100111011010010 01000를 전송하면 된다.

이제 1001000000010000010011101101001001000를 수신한 수신기는 어떤 처리를 하는가? 검사를 할 대상만 바뀌었을 뿐이고 중간과정은 비슷하다. 다만 이번에는 생성다항식의 최고차항으로 곱하거나 나누는 연산을 하지 않는다. 정말 다행이다. 너무 길어지지 않을 테니까! 과정을 살펴보자. 수신한 메시지를 다항식으로 변환하면 $x^{36} + x^{33} + x^{25} + x^{19} + x^{16} + x^{15} + x^{14} + x^{12} + x^{11} + x^9 + x^6 + x^3$이다. 변환하여 얻은 다항식을 생성다항식으로 나누면[40], 나머지가 0이다. 나머지가 0이면 전송 도중 오류가 없었다는 것이고, 그렇지 않다면 전송 도중 오류가 있었다는 것이다.

Modulo-2 계산법에 대해 좀더 탐구해 보자. 순환중복검사에서 나눗셈을 수행할 때 modulo-2 계산법으로 하는데, 이 계산법은 2진법 계산법과 다르다. Modulo-2 계산법은 자리빌림과 자리올림을 하지 않기 때문에 하드웨어를 쉽게 설계할 수 있다. 보기를 들어 01010101와 01010101를 2진법 계산으로 더하면 아래

$$\begin{array}{r} 01010101 \\ \underline{+01010101} \\ 10101010 \end{array}$$

처럼 복잡하다. 그러나 modulo-2 계산법으로 더하면 아래

$$\begin{array}{r} 01010101 \\ \underline{\oplus\ 01010101} \\ 00000000 \end{array}$$

처럼 자릿수 이동이 없어 간단하다. Modulo-2 덧셈이 낯설지 않다고 생각하는 독자가 있을 것이다. 그렇다. Modulo-2 덧셈은 배타적 논리합이라고 하는 XOR과 동일한 것이다. 우리는 또한 잠시 뒤 해밍 부호화법에서 XOR 연산을 공부하게 된다. Modulo-2 나눗셈과 일반적인 2진법 나눗셈의 차이점은 뺄셈에 의해서 중간결과가 나오는 것이 아니라 XOR 연산에 의해 중간결과가 나온다는 것이다. 순환중복검사를 공부하는 사람들은 보통의 2진법 계산이 아니고 modulo-2 계산법을 사용

[40] Modulo-2 계산법으로 나눗셈 연산을 수행해야 한다.

하는 데에 무언가 신비로운 이유가 있을 것이라고 생각하기 쉽다. 수학도깨비도 처음에는 그랬다. 그러나 사실, modulo-2 계산법을 사용하는 이유는 매우 현실적이다. 2진법 계산을 하는 하드웨어를 제작하려면, 자릿수 이동 때문에 추가 회로가 필요하다.

다항식을 선택하는 기준에 관한 설명은 본 책에서 다룰 성질이 아니다. 훨씬 고차원적인 수학이론을 필요로 하기 때문이다. 어느 장치 혹은 어느 분야에 응용하느냐에 따라 생성다항식이 달라지는데 여러 응용에 따른 생성다항식을 나타내 보면 다음과 같다. 표에서 0x는 16진수임을 나타내는 기호이다. 표에 나타난 것 외에도 더 많은 생성다항식이 있다.

명칭	적용 분야	생성다항식
CRC-1	패리티비트	$x+1 \Leftrightarrow 0x3$
CRC-7	MMC[41], SD[42]	$x^7+x^3+1 \Leftrightarrow 0x89$
CRC-12	6비트 문자 스트림 전송시 주로 사용	$x^{12}+x^{11}+x^3+x^2+x+1 \Leftrightarrow 0x180F$
CRC-16	USB, BISYNC	$x^{16}+x^{15}+x^2+1 \Leftrightarrow 0xC002$
CRC-CCITT	블루투스, IrDA, 대부분의 디스크컨트롤러 장치, IBM 8인치 플로피디스크, PPP[43], XMODEM, IBM의 SDLC[44], ISO[45]의 HDLC[46]	$x^{16}+x^{12}+x^5+1 \Leftrightarrow 0x8810$

41 MultiMediaCard

42 Securd Digital의 頭文字語(두문자어)

43 Point-To-Point Protocol의 頭文字語(두문자어). 직렬 장치를 사용하여 자료를 전송하기 위한 프로토콜이다.

44 Synchronous Data Link Control의 頭文字語(두문자어)

45 국제 표준화 기구

46 High-level Data Link Control의 頭文字語(두문자어). SDLC에 기반한다.

CRC-32	이더넷[47], PKZip[48], 그림파일 png 포맷, FDDI[49]	$x^{32}+x^{26}+x^{23}+x^{22}+x^{16}+x^{12}+x^{11}+x^{10}+x^{8}+x^{7}+x^{5}+x^{4}+x^{2}+x+1 \Leftrightarrow \mathrm{0x82608EDB}$

생성다항식이 $x+1$인 것은 결국 패리티검사와 동일하다는 사실이 재미있다. 패리티검사는 순환중복검사의 특수한 경우이다.

널리 사용되는 것 중 하나는 CRC-CCITT으로 알려진 다항식으로 주로 유럽에서

---

[47] 컴퓨터 네트워크의 한 종류인 이더넷에서는 여러 컴퓨터가 하나의 통신채널을 공유하여 프레임을 전송한다. 일반적으로 컴퓨터는 자료를 일정 크기로 나누고 편지 봉투와 같은 제어정보를 추가한 프레임으로 전송한다. 하나의 통신채널을 공유하는 이더넷 구조는 간단하다는 장점은 있으나, 컴퓨터들이 동시에 프레임을 전송할 때 충돌이 발생한다. 이런 충돌문제를 해결하기 위한 몇 가지 방법이 있다. 아래 그림은 이더넷 연결의 한 보기이다.

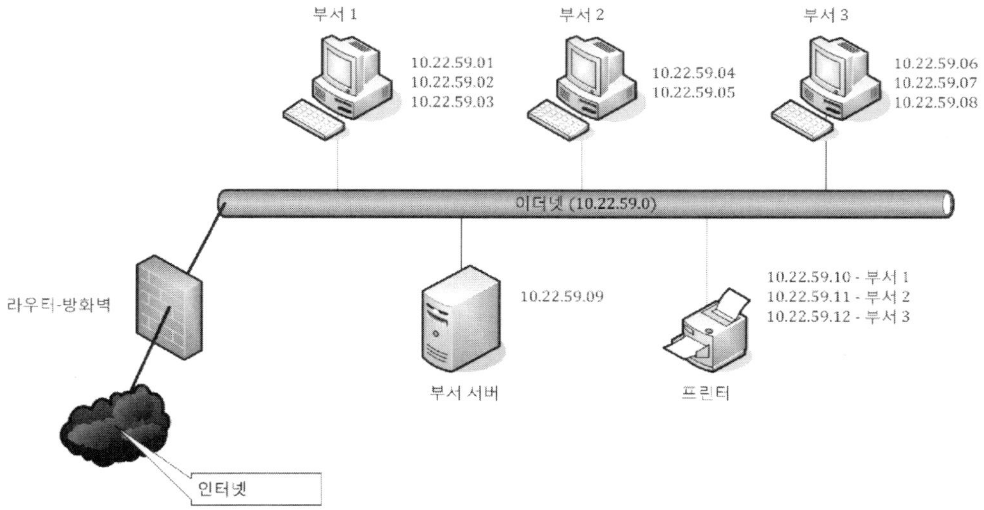

[48] 처음에 Phillip Walter Katz가 작성한 압축 유틸리티

[49] Fiber Distributed Data Interface의 頭文字語(두문자어). LAN에서의 광섬유 회선을 통한 자료 전송의 표준 집합이다.

사용한다. 이 다항식은 IBM에 의해 플로피디스크 제어장치를 위해 최초로 사용되었고 이후 급속하게 마이컴 디스크 제어장치로 표준화되어 갔다.

널리 사용되는 다른 생성다항식은 CRC-16으로 미국에서 주로 사용한다. 이 다항식은 CRC-CCITT에 비해 오류 포착 능력이 뒤진다. 그럼에도 불구하고 IBM의 BISYNC에서 데이터 전송방법으로 오랜 역사를 갖고 있어 유명하게 되었다.

CRC-CCITT과 CRC-16은 8비트 문자 전송시 주로 사용된다.

【1】 본문의 설명에 의하면, 수신측은 자신이 수신한 전체 메시지를 대상으로 연산을 한 후 오류의 발생유무를 판단한다. 그런데 수신측이 본문의 방법 외에 다른 방법으로 오류의 발생유무를 판단할 수도 있다. 그 방법을 설명하여라.

I 수학도깨비의 충고

【1】 문제를 해결하는 독자 입장에서 간단하게 생각할 수 있는 방법을 찾아내면 된다.

II 수학도깨비의 친절한 설명

【1】 수신측은 우선 전송된 원메시지에 대한 CRC값을 계산한다. 그 다음에 전송된 CRC값과 비교한다. 값이 다르면 오류가 발생한 것이다.

38th 오류를 검출하는 데 만족하지 말고 정정하자.

블록합검사는 패리티검사보다 훌륭하고, 순환중복검사는 블록합검사보다 훌륭하다. 그러나 세 검사법은 오류가 발생한 위치를 찾아 정정할 수 있는 능력을 거의 갖추고 있지 않다. 지금부터는 오류를 정정할 수 있는 강력한 방법들을 배운다. 참고로 블록합검사는 상황에 따라 오류를 정정할 수 있지만 매우 제한적이어서 오류정정법이라고 하지 않고 오류검출법으로 분류한다. 사실, 수학도깨비 개인적으로는 그렇게 분류하는 것에 상당히 불만을 가지고 있다.

[가] 사용 가능한 문자가 '0'과 '1'밖에 없다고 하자. 가령 '적의 잠수함이 이동하고 있다'와 같은 메시지를 나타내는 1101을 통신로를 통하여 전송하는 경우를 생각해 보기로 한다. 1101을 부호화하지 않고 그대로 보내면 통신로에서 잡음이 들어가서 0이 1로 또는 1이 0으로 바뀔 수 있다. 예컨대 메시지가 0101로 바뀔 수 있으며, 이로 인해 수신자는 아무 의미가 없는 메시지를 받거나, 아니면 잘못된 정보를 받을 수 있다. 이를 극복하기 위하여 원래의 메시지에 0과 1로 된 여분의 자리를 덧붙여서 원래의 메시지 대신 이 부호화된 메시지를 전송한다. 그러면 오류가 발생하여도 대부분 수정 가능하고 따라서 원래 의도한 메시지로 바르게 복호할 수 있다. 이런 技術(기술)은 우주선으로부터 지구로 사진전송, CD 플레이어, 이동통신, 컴퓨터의 데이터 압축 등에 광범위하게 응용되고 있다.

[나] 아래와 같은 도식으로 통신로를 표현할 수 있다.

메시지 ➡ 부호기 ➡ 통신로 ➡ 수신된 메시지 ➡ 복호기 ➡ 메시지

메시지가 단순히 0과 1이고 부호기에서 0은 000으로, 1은 111로 전환하여 전송하는 경우를 생각해 보자. 즉 이 경우 채택된 부호는 {000,111}이다. 통신로가 신뢰할 만하여 1개 이하의 오류만 발생한다고 가정할 수 있다면, 통신로에서 발생

하는 잡음으로 인하여 111이 101로 수신되어도 복호기는 101를 111로 바르게 복호하여 원래 의도했던 메시지 1을 회복할 수 있을 것이다. 종합적으로, 아래의 단계를 거친다.

1→111→잡음→101→111→1

이 경우 복호 알고리즘은 단순히 다음과 같을 것이다.

(1)	수신된 메시지에서 0과 1의 개수를 센다.
(2)	1이 더 많이 나타나면 1로 복호한다. 0이 더 많이 나타나면 0으로 복호한다.

[다] 이제 0 또는 1로만 이루어져 있고 길이가 4인 메시지 집합을 생각해 보자. 0과 1로 이루어져 있고 길이가 4인 메시지 $x_1x_2x_3x_4$를 어떤 부호기를 통해 길이가 7인 메시지 $x_1x_2x_3x_4x_5x_6x_7$로 전환하여 전송한다고 하자. 이때 여분의 자리 x_5, x_6, x_7을 결정하기 위하여 부호기는 다음과 같은 규칙을 사용한다. 그것은 $A = \{x_1, x_3, x_4, x_5\}$, $B = \{x_1, x_2, x_4, x_6\}$, $C = \{x_1, x_2, x_3, x_7\}$ 세 집합 각각에서 1의 개수가 항상 짝수 개가 되도록 하는 것이다. 가령 1101은 부호기에서 1101010으로 전환되어 전송된다.

【1】 [나]를 참조하여, [다]의 부호를 채택한 경우, 1개 이하의 오류는 항상 바르게 복호가능하다고 말할 수 있는지를 복호 알고리즘과 관련하여 서술하라.

【2】 [다]의 부호를 채택한 경우, 2개의 오류가 있을 때의 복호가능성에 대하여 서술하라.

I 수학도깨비의 충고

【1】 모든 가능한 경우를 다 생각해 보자. 1개 이하라고 했으므로 오류가 없는 경우에 대해서도 복호가능한지 따져봐야 한다.

【2】 모든 메시지 집합에 대하여 복호가능성을 따지기보다는 특정 메시지에 대해서 조사해 본다.

II 수학도깨비의 친절한 설명

【1】 오류가 없는 경우 어떤 집합에도 문제가 생기지 않으므로 복호가능하다.

x_1가 바뀌었다고 하자. x_1가 포함되어 있는 집합은 A과 B과 C이므로, 이 경우 세 집합 모두에 문제가 생긴다.

x_2가 바뀌었다고 하자. x_2가 포함되어 있는 집합은 B과 C이므로, 이 경우 두 집합 B과 C에 문제가 생긴다.

x_3가 바뀌었다고 하자. x_3가 포함되어 있는 집합은 A과 C이므로, 이 경우 두 집합 A과 C에 문제가 생긴다.

x_4가 바뀌었다고 하자. x_4가 포함되어 있는 집합은 A과 B이므로, 이 경우 두 집합 A과 B에 문제가 생긴다.

x_5가 바뀌었다고 하자. x_5가 포함되어 있는 집합은 A뿐이므로, 이 경우 집합 A에만 문제가 생긴다.

x_6가 바뀌었다고 하자. x_6가 포함되어 있는 집합은 B뿐이므로, 이 경우 집합 B에만 문제가 생긴다.

x_7가 바뀌었다고 하자. x_7가 포함되어 있는 집합은 C뿐이므로, 이 경우 집합 C

에만 문제가 생긴다.

지금까지 살펴본 7가지 경우에서 알 수 있듯이, 1개의 오류가 발생하더라도 문제가 생기는 집합들이 7가지 각 경우마다 다르기 때문에 오류가 발생한 위치를 항상 알 수 있다.

이제 정리를 해보자. 1개의 오류만 발생한다고 할 때 문제가 생기는 집합들은 아래 표의 7가지 유형 중 하나에 속하게 된다. 이때 우리는 어디에서 오류가 발생했는지 아래의 표를 통해 항상 알 수 있다.

문제가 생긴 집합들	A, B, C	B, C	A, C	A, B	A	B	C
오류 발생 위치	x_1	x_2	x_3	x_4	x_5	x_6	x_7

【2】 전송시킬 메시지가 0000000였다고 하자. 전송 도중 오류가 날 수 있는 모든 가능한 경우를 다 생각해 보자. 간단하게 결과를 정리하면 아래 표와 같다.

오류 발생 위치	문제가 생긴 집합들
x_1, x_2	A
x_1, x_3	B
x_1, x_4	C
x_1, x_5	B, C
x_1, x_6	A, C
x_1, x_7	A, B
x_2, x_3	A, B
x_2, x_4	A, C
x_2, x_5	A, B, C
x_2, x_6	C
x_2, x_7	B
x_3, x_4	B, C
x_3, x_5	C
x_3, x_6	A, B, C
x_3, x_7	A
x_4, x_5	B
x_4, x_6	A
x_4, x_7	A, B, C
x_5, x_6	A, B
x_5, x_7	A, C
x_6, x_7	B, C

위의 결과를 다음의 표처럼 다시 정리해 보자.

$A,\ B,\ C$	$B,\ C$	$A,\ C$	$A,\ B$	A	B	C
$\begin{cases} x_2, & x_5 \\ x_3, & x_6 \\ x_4, & x_7 \end{cases}$	$\begin{cases} x_1, & x_5 \\ x_3, & x_4 \\ x_6, & x_7 \end{cases}$	$\begin{cases} x_1, & x_6 \\ x_2, & x_4 \\ x_5, & x_7 \end{cases}$	$\begin{cases} x_1, & x_7 \\ x_2, & x_3 \\ x_5, & x_6 \end{cases}$	$\begin{cases} x_1, & x_2 \\ x_3, & x_7 \\ x_4, & x_6 \end{cases}$	$\begin{cases} x_1, & x_3 \\ x_2, & x_7 \\ x_4, & x_5 \end{cases}$	$\begin{cases} x_1, & x_4 \\ x_2, & x_6 \\ x_3, & x_5 \end{cases}$

1행은 문제가 생긴 집합들을 나타내고, 2행은 그 경우 오류 발생 위치를 나타낸다. 무엇을 알 수 있는가? 문제가 생긴 집합들을 복호기가 파악하더라도 어디에서 오류가 발생했는지 정확히 판단할 수 없다. 보기를 들어 문제가 생긴 집합이 C이었다고 하자. 이때 오류가 발생했던 것은 x_1와 x_4일 수 있다. 또는 x_2와 x_6일 수 있다. 또는 x_3와 x_5일 수 있다. 즉, 문제가 생긴 집합들을 제대로 파악하더라도 오류가 발생한 위치를 정확히 판단할 수 없는 것이다.

39th 오류정정에 대한 정확한 개념

원메시지	00	01	10	11
부호어	00000	11011	10011	01111

이와 같은 부호화체계에서 수신기가 00100를 받았다고 하자. 이것은 부호의 원소가 아니므로 전송 도중에 오류가 발생했던 것이 100% 확실하다. 그렇다면 네 부호어 중에서 어떤 부호어가 00100로 변했다고 생각하는 것이 가장 합리적일까? 전송 도중에 1개의 비트가 변했을 수도 있고 2개의 비트가 변했을 수도 있고 3개의 비트가 변했을 수도 있고 4개의 비트가 변했을 수도 있고 심지어는 5개의 비트가 변했을 수도 있다. 따라서 원래의 메시지가 어떤 것이었는지에 대한 우리의 판단이, 우리가 부처님이 아닌 이상, 완벽할 수는 없다. 그럼에도 불구하고 우리에게는 희망이 있다. 전송 도중에 발생가능한 오류들 중에서 아마도 최소 개수로 오류가 발생했을 것이라는 희망 말이다. 부호어 00000가 00100로 되려면 1개의 비트가 바뀌어야 하고, 부호어 11011가 00100로 되려면 5개의 비트가 바뀌어야 하고, 부호어 10011가 00100로 되려면 4개의 비트가 바뀌어야 하고, 부호어 01111가 00100로 되려면 3개의 비트가 바뀌어야 한다. 그러므로 우리는 오류가 발생하기 전의 부호어를 00000로 추정하면 된다. 결국 송신자가 원래 보내고자 했던 메지지는 00라고 결론내리면 되는 것이다. 이와 같이 가장 적은 개수의 비트가 변한 경우에 해당하는 부호어를 찾는 것을 최대공산복호화(maximum likelihood decoding)[50]라고 말한다.

이 시점에서 눈을 좀더 크게 뜨고 시야를 넓혀 보자. 애석하게도, 위의 부호체계에서 타당하지 않은 각 부호어들에 대해 최소 개수의 오류에 해당하는 올바른 부호어가 둘 이상인 경우가 있다. 총 32개의 가능한 모든 부호어들 중에 올바른 부호어는 4개 뿐이고 나머지 28개는 잘못된 부호어들이다. 그러면 수신가능한 모든 부호어들을 대상으로 아래 표를 작성해 보자.

---

50 공산은 가능성을 뜻하는 말이다. 공산이라는 말이 가능성을 뜻함을 이해하면, 최대공산복호화의 의미는 곧장 이해할 수 있게 된다.

수신	오류	송신 부호어
00000	0개	00000
00001	1개	00000
00010	1개	00000
00011	1개	10011
00100	1개	00000
00101	2개	00000 혹은 01111
00110	2개	00000 혹은 01111
00111	1개	01111
01000	1개	00000
01001	2개	00000 혹은 11011 혹은 01111
01010	2개	00000 혹은 11011 혹은 01111
01011	1개	11011 혹은 01111
01100	2개	00000 혹은 01111
01101	1개	01111
01110	1개	01111
01111	0개	01111

수신	오류	송신 부호어
10000	1개	00000
10001	1개	10011
10010	1개	10011
10011	0개	10011
10100	2개	00000
10101	2개	10011
10110	2개	10011
10111	1개	10011
11000	2개	00000 혹은 11011
11001	1개	11011
11010	1개	11011
11011	0개	11011
11100	3개	00000 혹은 11011
11101	2개	11011 혹은 01111
11110	2개	11011 혹은 01111
11111	1개	11011 혹은 01111

11111를 전송받았다고 하자. 우리는 어떤 결론을 내릴 수 있는가? 이 상황에서 우리는 1개의 비트에서 오류가 발생했지만 원메시지가 어떤 것인지를 특정할 수 없다. 물론 01000같은 경우 1개의 비트에서 오류가 발생했고 그 위치까지 알 수 있으므로 정정할 수 있다. 그러니까 1개 비트에서 오류 발생시 항상 정정할 수 있는 것이 아니므로, 이 부호체계는 1개의 오류에 대해서 검출만 가능하다.

01010를 전송받았다고 하자. 우리는 어떤 결론을 내릴 수 있는가? 이 상황에서 우리는 2개의 비트에서 오류가 발생했지만 원메시지가 어떤 것인지를 특정할 수 없다. 물론 10101같은 경우 2개의 비트에서 오류가 발생했고 그 위치까지 알 수 있으므로 정정할 수 있다. 그러니까 2개 비트에서 오류 발생시 항상 정정할 수 있는 것이 아니므로, 이 부호체계는 2개의 오류에 대해서 검출만 가능하다.

마찬가지 방식으로, 이 부호체계는 3개의 오류에 대해 검출만 가능하다.

결론적으로, 이 부호체계는 1개부터 3개까지 오류에 대해 오직 검출만 할 수 있다.

【1】 부호 집합이 {0001,1001,1100,1000}인 부호체계가 있다. 수신기가 0110를 받은 경우 송신기가 어떤 부호어를 전송한 것이라고 생각하는가?

I 어떻게 해결할 것인가

【1】 가장 적은 개수의 비트가 바뀐 경우에 해당하는 부호어를 찾는 것이 핵심이다.

II 수학도깨비의 친절한 설명

【1】 0001가 0110로 되려면 3개의 비트가 바뀌어야 하고, 1001가 0110로 되려면 4개의 비트가 바뀌어야 한다. 1100가 0110로 되려면 2개의 비트가 바뀌어야 하고, 1000가 0110로 되려면 3개의 비트가 바뀌어야 한다. 따라서 송신기가 보낸 부호어를 1100로 추측할 수 있다.

40th 블록부호에서 리던던시와 부호율

원메시지	00	01	10	11
부호어	00000	11011	10011	01111

이 부호체계처럼 일정한 개수의 비트로 이루어진 원메시지를 일정한 개수의 비트로 이루어진 부호어로 부호화한 것을 블록부호라고 한다. 그러니까 블록부호는 일정한 블록 단위로 부호화와 복호화를 수행하는 방식인데 이때 각각의 블록은 서로 연관을 갖지 않는다.

블록부호에서 우리는 리던던시(redundancy)와 부호율(code rate)이라는 개념을 정의할 수 있다. 리던던시는 블록부호화 과정에서 첨가된 비트들의 개수를 원메시지 비트들의 개수로 나눈 것이다. 부호율은 원메시지 비트들의 개수를 부호어 비트들의 개수로 나눈 것이다. 위 부호의 경우 리던던시는 $\frac{3}{2}$이고 부호율은 $\frac{2}{5}$이다.

【1】 패리티비트가 첨가된 2진 ASCII의 리던던시와 부호율은 각각 얼마인가?

I 수학도깨비의 친절한 설명

【1】 패리티비트가 하나 첨가된 2진 ASCII는 길이 8의 블록부호이다. 그러므로 리던던시는 $\frac{1}{7}$이고 부호율은 $\frac{7}{8}$이다.

41st ARQ과 FEC

먼 곳에 신호를 보내는 방법으로 전선이나 전파를 사용한다. 그런데 저항 때문에 전선을 사용할 때 거리가 멀어질수록 신호의 세기가 약해진다. 전파를 이용하더라도 전파의 퍼지는 성질 때문에 세기가 약해지는 건 마찬가지이다. 광섬유를 통해 신호를 보내면 이런 단점이 꽤 줄어들지만, 문제가 완전히 해결되는 것은 아니다. 이와 같이 통신채널에서는 현실적으로 어느 정도의 잡음이 발생한다. 구리선의 경우 전형적인 비트오류율은 백만 분의 일이며 광섬유의 경우는 십억 분의 일 정도라고 한다. 오류발생을 피할 수 없다면, 오류발생시 어떻게 처리할 것인지 깊히 연구해야 할 것이다. 오류를 탐지할 때 시스템이 어떻게 대처하느냐에 따라 두 가지 방식을 생각할 수 있다. 한 가지는 ARQ이고 다른 한 가지는 FEC이다.

ARQ은 Automatic Repeat Request 혹은 Automatic Retransmission Request의 頭文字語(두문자어)이다. 이것은 수신기가 오류를 검출하면 그 자료를 다시 전송하라는 신호를 송신측에 보내고 송신측에서 자료를 재전송하는 방식이다. 이때 수신측에서 송신측에 재전송하라는 신호를 보낼 수 있는 채널이 별도로 필요한데 이러한 채널을 리턴채널(return channel)이라고 한다. ARQ은 전화선을 이용한 통신시스템에서 널리 사용된다.

FEC은 Forward Error Correction의 頭文字語(두문자어)이다. 이것은 오류를 검출한 수신기가 오류를 정정하여 올바른 메시지로 복구하는 방식이다. FEC은 리턴채널이 없는 시스템이나 반복 요청을 하기가 어려운 시스템에서 사용될 수 있다. 또한 많은 양의 자료가 전송된 상황에서 약간의 오류를 정정하기 위해 재전송하는 것은 비효율적이므로 우리는 이런 상황에서 FEC을 사용하면 좋을 것이다. CD나 DVD를 보면 많은 먼지가 있거나 약간의 흠집이 있는 경우가 많다. 그러나 이러한 경우라도 어지간해서는 우리가 CD나 DVD를 사용하는 데에 전혀 문제가 되지 않는다. 그 이유는 디스크 플레이어 혹은 디스크 드라이브가 먼지와 흠집에 의한 오류를 정정하여 올바른 정보로 복구하기 때문이다.

【1】 보내고자 하는 메시지가 2개의 비트로 구성되어 있고 여기에 하나의 패리티비트를 추가해서 총 3비트 신호를 전송하는 것을 고려해 보자. 하나의 3비트 신호를 전송하기 위해 아래의 순서도와 같은 방법을 사용하려고 한다. 하나의 비트가 전달되는 과정에서 오류가 발생할 확률을 $0 < p < 1$이라고 하자. 아래의 방법을 사용하여 신호가 수신되었다고 할 때, 메시지에 오류가 있을 확률은 얼마인가?

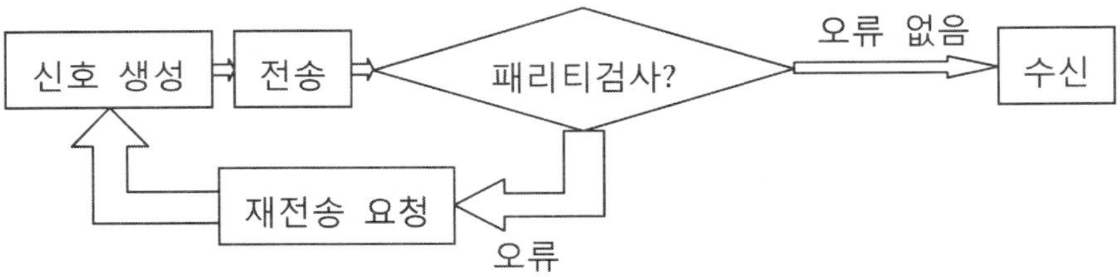

【2】 보내고자 하는 메시지가 2개의 비트로 구성되어 있고 패리티비트없이 2비트 신호를 전송하는 것을 고려해 보자. 하나의 2비트 신호를 전송하기 위해 아래의 순서도와 같은 방법을 사용하려고 한다. 하나의 비트가 전달되는 과정에서 오류가 발생할 확률을 $0 < p < 1$이라고 하자. 아래의 방법을 사용하여 신호가 수신되었다고 할 때, 메시지에 오류가 있을 확률은 얼마인가?

【3】 두 순서도에 의한 각각의 방법에 따라 신호가 수신되었다고 하자. 각각의 메시지에 오류가 있을 확률을 비교하여라. 또한 패리티검사의 효과가 p값에 따라 어떻게 달라지는지 논리적으로 설명하여라.

I 수학도깨비의 충고

【1】~【2】 질문에 주어진 상황을 정확하게 이해하고 고등학교 수학시간에 배운 경우의 수 및 확률에 관한 지식을 이용하여 이를 수리적으로 해결해 나가는 과정을 평가하고자 하는 문항이다. 문항의 내용을 정확하게 이해하지 못하면 잘못된 방향으로 논리를 전개하기 쉬우므로 세심한 이해력이 요구된다.

II 수학도깨비의 친절한 설명

【1】 하나의 3비트 신호가 수신된 경우는 다음의 4가지 경우이다.

OOO OXX XOX XXO

각각의 경우에서 3번째 비트가 패리티비트를 나타낸다.

각각의 경우가 발생할 확률은 순서대로 아래와 같다.

$$(1-p)^3,\quad (1-p)p^2,\quad p(1-p)p=(1-p)p^2,\quad p^2(1-p)$$

위의 4가지 경우에서 1번째 경우를 제외한 나머지 경우들은 메시지에 오류가 있는 경우들이다. 그러므로 구하고자 하는 확률은 아래와 같다.

$$\frac{(1-p)p^2+(1-p)p^2+p^2(1-p)}{(1-p)^3+(1-p)p^2+(1-p)p^2+p^2(1-p)}=\frac{3p^2}{4p^2-2p+1}$$

【2】 1에서 메시지에 오류가 없을 확률을 빼면 되므로, 구하고자 하는 확률은

$$1-(1-p)^2=2p-p^2$$

이다.

【3】 일단은 각각의 메시지에 오류가 있을 확률을 비교해 보자. 그러기 위해서 두 확률을 빼면 아래의 결과가 얻어진다.

$$\frac{3p^2}{4p^2-2p+1}-2p+p^2=\frac{2p(2p-1)(1-p)^2}{4p^2-2p+1}$$

$p = 0.5$이면, 패리티검사를 하든 안 하든 차이가 없다.

$p > 0.5$이면, 문항【1】의 확률이 문항【2】의 확률보다 크다. 이것은 패리티검사를 수행하지 않는 것이 오히려 더 좋다는 것을 의미한다.

$p < 0.5$이면, 문항【1】의 확률이 문항【2】의 확률보다 작다. 이것은 패리티검사를 수행하는 것이 더 좋다는 것을 의미한다.

42nd 단일 오류를 정정할 수 있는 해밍 2진부호화

여러 상황에서 오류를 검출할 수 있는 방법들을 몇 가지 알아보았다. 이번에 공부할 해밍 부호화 알고리즘은 상당한 완벽함을 갖춘 블록부호이다. 해밍 부호화법은 오류가 발생한 위치를 알아내 정정할 수도 있는 강력한 검사법이다. 일단 구체적으로 설명한 뒤 후에 좀더 이론적으로 살펴보도록 하겠다.

보내고자 하는 원래의 메시지가 101010011라고 하자. 패리티비트들이 들어갈 1번째, 2번째, 4번째, 8번째 자리를 비운다. 그리고 모든 메시지비트들을 옮긴다. 현재까지의 상황은 다음과 같다.

위치	1	2	3	4	5	6	7	8	9	10	11	12	13
비트	A	B	1	C	0	1	0	D	1	0	0	1	1

지금부터 우리가 해야 할 일은 패리티비트 A, B, C, D를 결정하는 것이다.

A를 결정하기 위해서 홀수번째 위치에 있는 모든 비트들을 고려한다. 1번째 위치를 제외하고 나머지 모든 홀수번째 위치에 1가 홀수개 있으므로 A의 값은 1이다.

B를 결정하기 위해서 2·3·6·7·10·11번째 위치에 있는 모든 비트들을 고려한다. 2번째 위치를 제외하고 나머지 모든 3·6·7·10·11번째 위치에 1가 짝수개 있으므로 B의 값은 0이다.

C를 결정하기 위해서 4·5·6·7·12·13번째 위치에 있는 모든 비트들을 고려한다. 4번째 위치를 제외하고 나머지 모든 5·6·7·12·13번째 위치에 1가 홀수개 있으므로 B의 값은 1이다.

D를 결정하기 위해서 8·9·10·11·12·13번째 위치에 있는 모든 비트들을 고려한다. 8번째 위치를 제외하고 나머지 모든 9·10·11·12·13번째 위치에 1가 홀수개 있으므로 D의 값은 1이다.

패리티비트를 모두 결정했다. 완성된 표는 다음과 같다.

위치	1	2	3	4	5	6	7	8	9	10	11	12	13
비트	1	0	1	1	0	1	0	1	1	0	0	1	1

이제 송신기는 1011010110011를 수신기로 보내면 된다. 원래 보내고자 하는 메시지와 패리티비트들이 뒤섞여 있다는 사실이 재미있다. 자, 이제 송신기에서 수신기로 전송되는 동안 하나의 오류가 발생하면 어떻게 되는지 따져보도록 하자.

전송 도중 1번째 위치에 오류가 발생하여 수신기가 0011010110011를 받았다고 하자. 모든 홀수번째 위치에 대한 패리티는 1, 2·3·6·7·10·11번째 위치에 대한 패리티는 0, 4·5·6·7·12·13번째 위치에 대한 패리티는 0, 8·9·10·11·12·13번째 위치에 대한 패리티는 0이다. 이 네 패리티를 거꾸로 배치하면 0001이다. 0001를 십진수로 변환하면 1이므로, 1번째 위치에 오류가 발생했던 것임을 알 수 있다.

전송 도중 2번째 위치에 오류가 발생하여 수신기가 1111010110011를 받았다고 하자. 모든 홀수번째 위치에 대한 패리티는 0, 2·3·6·7·10·11번째 위치에 대한 패리티는 1, 4·5·6·7·12·13번째 위치에 대한 패리티는 0, 8·9·10·11·12·13번째 위치에 대한 패리티는 0이다. 이 네 패리티를 거꾸로 배치하면 0010이다. 0010를 십진수로 변환하면 2이므로, 2번째 위치에 오류가 발생했던 것임을 알 수 있다.

전송 도중 3번째 위치에 오류가 발생하여 수신기가 1001010110011를 받았다고 하자. 모든 홀수번째 위치에 대한 패리티는 1, 2·3·6·7·10·11번째 위치에 대한 패리티는 1, 4·5·6·7·12·13번째 위치에 대한 패리티는 0, 8·9·10·11·12·13번째 위치에 대한 패리티는 0이다. 이 네 패리티를 거꾸로 배치하면 0011이다. 0011를 십진수로 변환하면 3이므로, 3번째 위치에 오류가 발생했던 것임을 알 수 있다.

전송 도중 4번째 위치에 오류가 발생하여 수신기가 1010010110011를 받았다고 하자. 모든 홀수번째 위치에 대한 패리티는 0, 2·3·6·7·10·11번째 위치에 대한 패리티는 0, 4·5·6·7·12·13번째 위치에 대한 패리티는 1, 8·9·10·11·12·13번째 위치에 대한 패리티는 0이다. 이 네 패리티를 거꾸로 배치하면 0100이다. 0100를 십진수로 변환하면 4이므로, 4번째 위치에 오류가 발생했던 것임을 알 수 있다.

전송 도중 5번째 위치에 오류가 발생하여 수신기가 1011110110011를 받았다고 하자. 모든 홀수번째 위치에 대한 패리티는 1, 2·3·6·7·10·11번째 위치에 대한 패리티는 0, 4·5·6·7·12·13번째 위치에 대한 패리티는 1, 8·9·10·11·12·13번째 위치에 대한 패리티는 0이다. 이 네 패리티를 거꾸로 배치하면 0101이다. 0101를 십진수로 변환하면 5이므로, 5번째 위치에 오류가 발생했던 것임을 알 수 있다.

전송 도중 6번째 위치에 오류가 발생하여 수신기가 1011000110011를 받았다고 하자. 모든 홀수번째 위치에 대한 패리티는 0, 2·3·6·7·10·11번째 위치에 대한 패리티는 1, 4·5·6·7·12·13번째 위치에 대한 패리티는 1, 8·9·10·11·12·13번째 위치에 대한 패리티는 0이다. 이 네 패리티를 거꾸로 배치하면 0110이다. 0110를 십진수로 변환하면 6이므로, 6번째 위치에 오류가 발생했던 것임을 알 수 있다.

전송 도중 7번째 위치에 오류가 발생하여 수신기가 1011011110011를 받았다고 하자. 모든 홀수번째 위치에 대한 패리티는 1, 2·3·6·7·10·11번째 위치에 대한 패리티는 1, 4·5·6·7·12·13번째 위치에 대한 패리티는 1, 8·9·10·11·12·13번째 위치에 대한 패리티는 0이다. 이 네 패리티를 거꾸로 배치하면 0111이다. 0111를 십진수로 변환하면 7이므로, 7번째 위치에 오류가 발생했던 것임을 알 수 있다.

전송 도중 8번째 위치에 오류가 발생하여 수신기가 1011010010011를 받았다고 하자. 모든 홀수번째 위치에 대한 패리티는 0, 2·3·6·7·10·11번째 위치에 대한 패리티는 0, 4·5·6·7·12·13번째 위치에 대한 패리티는 0, 8·9·10·11·12·13번째 위치에 대한 패리티는 1이다. 이 네 패리티를 거꾸로 배치하면 1000이다. 1000를 십진수로 변환하면 8이므로, 8번째 위치에 오류가 발생했던 것임을 알 수 있다.

전송 도중 9번째 위치에 오류가 발생하여 수신기가 1011010100011를 받았다고 하자. 모든 홀수번째 위치에 대한 패리티는 1, 2·3·6·7·10·11번째 위치에 대한 패리티는 0, 4·5·6·7·12·13번째 위치에 대한 패리티는 0, 8·9·10·11·12·13번째 위치에 대한 패리티는 1이다. 이 네 패리티를 거꾸로 배치하면 1001이다. 1001를 십진수로 변환하면 9이므로, 9번째 위치에 오류가 발생했던 것임을 알 수 있다.

전송 도중 10번째 위치에 오류가 발생하여 수신기가 1011010111011를 받았다고 하자. 모든 홀수번째 위치에 대한 패리티는 0, 2·3·6·7·10·11번째 위치에 대한 패리티는 1, 4·5·6·7·12·13번째 위치에 대한 패리티는 0, 8·9·10·11·12·13번째 위치에 대한 패리티는 1이다. 이 네 패리티를 거꾸로 배치하면 1010이다. 1010를 십진수로 변환하면 10이므로, 10번째 위치에 오류가 발생했던 것임을 알 수 있다.

전송 도중 11번째 위치에 오류가 발생하여 수신기가 1011010110111를 받았다고 하자. 모든 홀수번째 위치에 대한 패리티는 1, 2·3·6·7·10·11번째 위치에 대한 패리티는 1, 4·5·6·7·12·13번째 위치에 대한 패리티는 0, 8·9·10·11·12·13번째 위치에 대한 패리티는 1이다. 이 네 패리티를 거꾸로 배치하면 1011이다. 1011를 십진수로 변환하면 11이므로, 11번째 위치에 오류가 발생했던 것임을 알 수 있다.

전송 도중 12번째 위치에 오류가 발생하여 수신기가 1011010110001를 받았다고 하자. 모든 홀수번째 위치에 대한 패리티는 0, 2·3·6·7·10·11번째 위치에 대한 패리티는 0, 4·5·6·7·12·13번째 위치에 대한 패리티는 1, 8·9·10·11·12·13번째 위치에 대한 패리티는 1이다. 이 네 패리티를 거꾸로 배치하면 1100이다. 1100를 십진수로 변환하면 12이므로, 12번째 위치에 오류가 발생했던 것임을 알 수 있다.

전송 도중 13번째 위치에 오류가 발생하여 수신기가 1011010110010를 받았다고 하자. 모든 홀수번째 위치에 대한 패리티는 1, 2·3·6·7·10·11번째 위치에 대한 패리티는 0, 4·5·6·7·12·13번째 위치에 대한 패리티는 1, 8·9·10·11·12·13번째 위치에 대한 패리티는 1이다. 이 네 패리티를 거꾸로 배치하면 1101이다. 1101를 십진수로 변환하면 13이므로, 13번째 위치에 오류가 발생했던 것임을 알 수 있다.

어떤가? 메시지비트에만 하나의 오류가 생겨도 문제없이 올바르게 정정할 수 있고 패리티비트에만 하나의 오류가 생겨도 문제없이 올바르게 정정할 수 있다. 정말 재미있는 오류 검사법이라는 생각이 저절로 들지 않는가!

그럼 지금부터 해밍 부호에 대하여 좀더 이론적으로 공부하여 보자.

해밍 부호에서는 메시지비트의 개수에 따라 패리티비트의 개수가 결정된다. 메시지비트의 개수에 따른 패리티비트의 개수를 표로 나타내어 보면 다음과 같다.

메시지비트의 개수	1	2~4	5~11	12~26	27~57	58~120	121~247
패리티비트의 개수	2	3	4	5	6	7	8

원래 메시지의 길이가 위의 표에 나와있지 않더라도 필요한 패리티비트의 개수를 간단하게 알 수 있다. p를 자연수라고 하자. 원래 메시지의 길이가 $2^p - p$비트부터 $2^{p+1} - p - 2$비트까지의 범위에 속할 때 필요한 패리티비트의 개수는 $p+1$개이다.

원래 메시지에 패리티비트들이 포함된 전체 메시지에서 k번째 위치에 있는 비트를 B_k로 나타내자. 이때 패리티비트는 2의 거듭제곱번째 위치에 놓인다. 그리고 각 패리티비트의 값은

$$B_1 = B_3 \oplus B_5 \oplus B_7 \oplus B_9 \oplus B_{11} \oplus B_{13} \oplus B_{15} \oplus B_{17} \oplus B_{19} \oplus B_{21} \oplus B_{23} \oplus B_{25} \oplus \cdots,$$
$$B_2 = B_3 \oplus B_6 \oplus B_7 \oplus B_{10} \oplus B_{11} \oplus B_{14} \oplus B_{15} \oplus B_{18} \oplus B_{19} \oplus B_{22} \oplus B_{23} \oplus B_{26} \oplus \cdots,$$
$$B_4 = B_5 \oplus B_6 \oplus B_7 \oplus B_{12} \oplus B_{13} \oplus B_{14} \oplus B_{15} \oplus B_{20} \oplus B_{21} \oplus B_{22} \oplus B_{23} \oplus B_{28} \oplus \cdots,$$
$$B_8 = B_9 \oplus B_{10} \oplus B_{11} \oplus B_{12} \oplus B_{13} \oplus B_{14} \oplus B_{15} \oplus B_{24} \oplus B_{25} \oplus B_{26} \oplus B_{27} \oplus \cdots$$

과 같이 배타적 논리합 연산[51]으로 계산한다. 규칙은 곧 깨달을 수 있을 것이다. B_1는 하나의 비트를 셈하고 하나의 비트를 건너뛰는 것을 반복한다. B_2는 2개의 비트를 셈하고 2개의 비트를 건너뛰는 것을 반복한다. B_4는 4개의 비트를 셈하고 4개의 비트를 건너뛰는 것을 반복한다. B_8는 8개의 비트를 셈하고 8개의 비트를 건너뛰는 것을 반복한다. 이런 방식으로 $B_{2^{n-1}}$는 2^{n-1}개의 비트를 셈하고 2^{n-1}개의 비트를 건너뛰는 것을 반복한다.

주의하자! 지금까지 한 이야기는 하나의 오류만 발생한다고 가정할 경우에 해당한다. 2개 이상의 오류가 발생하는 상황에 대해서는 어떤 말도 하지 못한다.

【1】 해밍 부호화에서 필요한 패리티비트의 개수가 p개일 경우는 원래 메시지의 길이가 어떤 범위에 속할 때인가?

【2】 보내고자 하는 원래의 메시지가 110001100101일 때 해밍 부호어는 무엇인가?

【3】 바로 이전 문항의 경우에 해밍 부호어는 17개의 비트들로 구성되어 있다. 해밍 부호어가 전송되는 도중에 각 위치에서 하나의 오류만 발생할 경우 오류를 올바르게 정정할 수 있음을 보여라.

---

51 배타적 논리합 연산은 다음과 같이 정의된다. $0 \oplus 0 = 0$, $0 \oplus 1 = 1$, $1 \oplus 0 = 1$, $1 \oplus 1 = 0$.

【문4】 하나의 오류를 정정하기 위해 블록합검사를 쓸 수도 있고 해밍 부호화법을 쓸 수도 있다. 둘 중 하나를 골라야 한다면, 독자여러분은 어떤 방법을 쓰겠는가?

I 수학도깨비의 친절한 설명

【1】 해밍 부호화에서 원래 메시지의 길이가 $2^p - p$비트부터 $2^{p+1} - p - 2$비트까지 범위에 속할 때 필요한 패리티비트의 개수는 $p+1$개라고 했다. 여기에서 p 대신 $p-1$를 대입하면 다음과 같은 결과를 얻는다. 원메시지의 길이가 $2^{p-1} - p + 1$비트부터 $2^p - p - 1$비트까지 범위에 속할 때 필요한 패리티비트의 개수는 p개이다.

【2】 패리티비트들이 들어갈 1·2·4·8·16번째 자리를 비운다. 그리고 모든 메시지비트들을 옮긴다. 현재까지의 상황은 다음과 같다.

위치	1	2	3	4	5	6	7	8	9	10	11	12	13	14	15	16	17
비트	A	B	1	C	1	0	0	D	0	1	1	0	0	1	0	E	1

지금부터 우리가 해야 할 일은 패리티비트 A, B, C, D, E를 결정하는 것이다.

A를 결정하기 위해서 홀수번째 위치에 있는 모든 비트들을 고려한다. 1번째 위치를 제외하고 나머지 모든 홀수번째 위치에 1가 짝수개 있으므로 A의 값은 0이다.

B를 결정하기 위해서 2·3·6·7·10·11·14·15번째 위치에 있는 모든 비트들을 고려한다. 2번째 위치를 제외하고 나머지 모든 3·6·7·10·11·14·15번째 위치에 1가 짝수개 있으므로 B의 값은 0이다.

C를 결정하기 위해서 4·5·6·7·12·13·14·15번째 위치에 있는 모든 비트들을 고려한다. 4번째 위치를 제외하고 나머지 모든 5·6·7·12·13·14·15번째 위치에 1가 짝수개 있으므로 B의 값은 0이다.

D를 결정하기 위해서 8·9·10·11·12·13·14·15번째 위치에 있는 모든 비트들을 고려한다. 8번째 위치를 제외하고 나머지 모든 9·10·11·12·13·14·15번째 위치에 1가 홀수개 있으므로 D의 값은 1이다.

E를 결정하기 위해서 16·17번째 위치에 있는 모든 비트들을 고려한다. 16번째 위치를 제외하고 나머지 모든 17번째 위치에 1가 홀수개 있으므로 E의 값은 1이

다.

패리티비트를 모두 결정했다. 완성된 표는 다음과 같다.

위치	1	2	3	4	5	6	7	8	9	10	11	12	13	14	15	16	17
비트	0	0	1	0	1	0	0	1	0	1	1	0	0	1	0	1	1

결론적으로 해밍 부호어는 00101001011001011이다. 즉 송신기는 수신기로 00101001011001011를 보내면 된다.

【3】 송신기에서 수신기로 전송되는 해밍 부호어는 00101001011001011이다. 이것은 17개의 비트들로 구성되어 있다.

전송 도중 1번째 위치에 오류가 발생하여 수신기가 10101001011001011를 받았다고 하자. 모든 홀수번째 위치에 대한 패리티는 1, 2·3·6·7·10·11·14·15번째 위치에 대한 패리티는 0, 4·5·6·7·12·13·14·15번째 위치에 대한 패리티는 0, 8·9·10·11·12·13·14·15번째 위치에 대한 패리티는 0, 16·17번째 위치에 대한 패리티는 0이다. 이 다섯 패리티를 거꾸로 배치하면 00001이다. 00001를 십진수로 변환하면 1이므로, 1번째 위치에 오류가 발생했던 것임을 알 수 있다.

전송 도중 2번째 위치에 오류가 발생하여 수신기가 01101001011001011를 받았다고 하자. 모든 홀수번째 위치에 대한 패리티는 0, 2·3·6·7·10·11·14·15번째 위치에 대한 패리티는 1, 4·5·6·7·12·13·14·15번째 위치에 대한 패리티는 0, 8·9·10·11·12·13·14·15번째 위치에 대한 패리티는 0, 16·17번째 위치에 대한 패리티는 0이다. 이 다섯 패리티를 거꾸로 배치하면 00010이다. 00010를 십진수로 변환하면 2이므로, 2번째 위치에 오류가 발생했던 것임을 알 수 있다.

전송 도중 3번째 위치에 오류가 발생하여 수신기가 00001001011001011를 받았다고 하자. 모든 홀수번째 위치에 대한 패리티는 1, 2·3·6·7·10·11·14·15번째 위치에 대한 패리티는 1, 4·5·6·7·12·13·14·15번째 위치에 대한 패리티는 0, 8·9·10·11·12·13·14·15번째 위치에 대한 패리티는 0, 16·17번째 위치에 대한 패리티는 0이다. 이 다섯 패리티를 거꾸로 배치하면 00011이다. 00011를 십진수로 변환하면 3이므로, 3번째 위치에 오류가 발생했던 것임을 알 수 있다.

전송 도중 4번째 위치에 오류가 발생하여 수신기가 00111001011001011를 받았다고 하자. 모든 홀수번째 위치에 대한 패리티는 0, 2·3·6·7·10·11·14·15번째 위치에 대한 패리티는 0, 4·5·6·7·12·13·14·15번째 위치에 대한 패리티는 1, 8·9·10·11·12·13·14·15번째 위치에 대한 패리티는 0, 16·17번째 위치에 대한 패리티는 0이다. 이 다섯 패리티를 거꾸로 배치하면 00100이다. 00100를 십진수로 변환하면 4이므로, 4번째 위치에 오류가 발생했던 것임을 알 수 있다.

전송 도중 5번째 위치에 오류가 발생하여 수신기가 00100001011001011를 받았다고 하자. 모든 홀수번째 위치에 대한 패리티는 1, 2·3·6·7·10·11·14·15번째 위치에 대한 패리티는 0, 4·5·6·7·12·13·14·15번째 위치에 대한 패리티는 1, 8·9·10·11·12·13·14·15번째 위치에 대한 패리티는 0, 16·17번째 위치에 대한 패리티는 0이다. 이 다섯 패리티를 거꾸로 배치하면 00101이다. 00101를 십진수로 변환하면 5이므로, 5번째 위치에 오류가 발생했던 것임을 알 수 있다.

전송 도중 6번째 위치에 오류가 발생하여 수신기가 00101101011001011를 받았다고 하자. 모든 홀수번째 위치에 대한 패리티는 0, 2·3·6·7·10·11·14·15번째 위치에 대한 패리티는 1, 4·5·6·7·12·13·14·15번째 위치에 대한 패리티는 1, 8·9·10·11·12·13·14·15번째 위치에 대한 패리티는 0, 16·17번째 위치에 대한 패리티는 0이다. 이 다섯 패리티를 거꾸로 배치하면 00110이다. 00110를 십진수로 변환하면 6이므로, 6번째 위치에 오류가 발생했던 것임을 알 수 있다.

전송 도중 7번째 위치에 오류가 발생하여 수신기가 00101011011001011를 받았다고 하자. 모든 홀수번째 위치에 대한 패리티는 1, 2·3·6·7·10·11·14·15번째 위치에 대한 패리티는 1, 4·5·6·7·12·13·14·15번째 위치에 대한 패리티는 1, 8·9·10·11·12·13·14·15번째 위치에 대한 패리티는 0, 16·17번째 위치에 대한 패리티는 0이다. 이 다섯 패리티를 거꾸로 배치하면 00111이다. 00111를 십진수로 변환하면 7이므로, 7번째 위치에 오류가 발생했던 것임을 알 수 있다.

전송 도중 8번째 위치에 오류가 발생하여 수신기가 00101000011001011를 받았다고 하자. 모든 홀수번째 위치에 대한 패리티는 0, 2·3·6·7·10·11·14·15번째 위치에 대한 패리티는 0, 4·5·6·7·12·13·14·15번째 위치에 대한 패리티는 0, 8·9·10·11·12·13·14·15번째 위치에 대한 패리티는 1, 16·17번째 위치에 대한 패리티는 0이다. 이 다섯 패리티를 거꾸로 배치하면 01000이다. 01000를 십진수로 변환하면 8이므로,

8번째 위치에 오류가 발생했던 것임을 알 수 있다.

전송 도중 9번째 위치에 오류가 발생하여 수신기가 00101001111001011를 받았다고 하자. 모든 홀수번째 위치에 대한 패리티는 1, 2·3·6·7·10·11·14·15번째 위치에 대한 패리티는 0, 4·5·6·7·12·13·14·15번째 위치에 대한 패리티는 0, 8·9·10·11·12·13·14·15번째 위치에 대한 패리티는 1, 16·17번째 위치에 대한 패리티는 0이다. 이 다섯 패리티를 거꾸로 배치하면 01001이다. 01001를 십진수로 변환하면 9이므로, 9번째 위치에 오류가 발생했던 것임을 알 수 있다.

전송 도중 10번째 위치에 오류가 발생하여 수신기가 00101001001001011를 받았다고 하자. 모든 홀수번째 위치에 대한 패리티는 0, 2·3·6·7·10·11·14·15번째 위치에 대한 패리티는 1, 4·5·6·7·12·13·14·15번째 위치에 대한 패리티는 0, 8·9·10·11·12·13·14·15번째 위치에 대한 패리티는 1, 16·17번째 위치에 대한 패리티는 0이다. 이 다섯 패리티를 거꾸로 배치하면 01010이다. 01010를 십진수로 변환하면 10이므로, 10번째 위치에 오류가 발생했던 것임을 알 수 있다.

전송 도중 11번째 위치에 오류가 발생하여 수신기가 00101001010001011를 받았다고 하자. 모든 홀수번째 위치에 대한 패리티는 1, 2·3·6·7·10·11·14·15번째 위치에 대한 패리티는 1, 4·5·6·7·12·13·14·15번째 위치에 대한 패리티는 0, 8·9·10·11·12·13·14·15번째 위치에 대한 패리티는 1, 16·17번째 위치에 대한 패리티는 0이다. 이 다섯 패리티를 거꾸로 배치하면 01011이다. 01011를 십진수로 변환하면 11이므로, 11번째 위치에 오류가 발생했던 것임을 알 수 있다.

전송 도중 12번째 위치에 오류가 발생하여 수신기가 00101001011101011를 받았다고 하자. 모든 홀수번째 위치에 대한 패리티는 0, 2·3·6·7·10·11·14·15번째 위치에 대한 패리티는 0, 4·5·6·7·12·13·14·15번째 위치에 대한 패리티는 1, 8·9·10·11·12·13·14·15번째 위치에 대한 패리티는 1, 16·17번째 위치에 대한 패리티는 0이다. 이 다섯 패리티를 거꾸로 배치하면 01100이다. 01100를 십진수로 변환하면 12이므로, 12번째 위치에 오류가 발생했던 것임을 알 수 있다.

전송 도중 13번째 위치에 오류가 발생하여 수신기가 00101001011011011를 받았다고 하자. 모든 홀수번째 위치에 대한 패리티는 1, 2·3·6·7·10·11·14·15번째 위치에 대한 패리티는 0, 4·5·6·7·12·13·14·15번째 위치에 대한 패리티는 1, 8·9·10·11·12·

13·14·15번째 위치에 대한 패리티는 1, 16·17번째 위치에 대한 패리티는 0이다. 이 다섯 패리티를 거꾸로 배치하면 01101이다. 01101를 십진수로 변환하면 13이므로, 13번째 위치에 오류가 발생했던 것임을 알 수 있다.

전송 도중 14번째 위치에 오류가 발생하여 수신기가 00101001011000011를 받았다고 하자. 모든 홀수번째 위치에 대한 패리티는 0, 2·3·6·7·10·11·14·15번째 위치에 대한 패리티는 1, 4·5·6·7·12·13·14·15번째 위치에 대한 패리티는 1, 8·9·10·11·12·13·14·15번째 위치에 대한 패리티는 1, 16·17번째 위치에 대한 패리티는 0이다. 이 다섯 패리티를 거꾸로 배치하면 01110이다. 01110를 십진수로 변환하면 14이므로, 14번째 위치에 오류가 발생했던 것임을 알 수 있다.

전송 도중 15번째 위치에 오류가 발생하여 수신기가 00101001011001111를 받았다고 하자. 모든 홀수번째 위치에 대한 패리티는 1, 2·3·6·7·10·11·14·15번째 위치에 대한 패리티는 1, 4·5·6·7·12·13·14·15번째 위치에 대한 패리티는 1, 8·9·10·11·12·13·14·15번째 위치에 대한 패리티는 1, 16·17번째 위치에 대한 패리티는 0이다. 이 다섯 패리티를 거꾸로 배치하면 01111이다. 01111를 십진수로 변환하면 15이므로, 15번째 위치에 오류가 발생했던 것임을 알 수 있다.

전송 도중 16번째 위치에 오류가 발생하여 수신기가 00101001011001001를 받았다고 하자. 모든 홀수번째 위치에 대한 패리티는 0, 2·3·6·7·10·11·14·15번째 위치에 대한 패리티는 0, 4·5·6·7·12·13·14·15번째 위치에 대한 패리티는 0, 8·9·10·11·12·13·14·15번째 위치에 대한 패리티는 0, 16·17번째 위치에 대한 패리티는 1이다. 이 다섯 패리티를 거꾸로 배치하면 10000이다. 10000를 십진수로 변환하면 16이므로, 16번째 위치에 오류가 발생했던 것임을 알 수 있다.

전송 도중 17번째 위치에 오류가 발생하여 수신기가 00101001011001010를 받았다고 하자. 모든 홀수번째 위치에 대한 패리티는 1, 2·3·6·7·10·11·14·15번째 위치에 대한 패리티는 0, 4·5·6·7·12·13·14·15번째 위치에 대한 패리티는 0, 8·9·10·11·12·13·14·15번째 위치에 대한 패리티는 0, 16·17번째 위치에 대한 패리티는 1이다. 이 다섯 패리티를 거꾸로 배치하면 10001이다. 10001를 십진수로 변환하면 17이므로, 17번째 위치에 오류가 발생했던 것임을 알 수 있다.

결론적으로, 오류가 하나만 발생한다면 발생한 위치를 정확하게 검출할 수 있음을 알 수 있다.

【4】 당연히 해밍 부호화법을 사용하는 것이 좋다. 가령 원메시지가 14비트라고 할 때 블록합검사의 경우 추가적으로 10비트가 필요하지만 해밍 부호화법의 경우 추가적으로 5비트만 있으면 된다. 원메시지의 길이가 늘어날수록 차이는 점점 심해진다.

II 수학도깨비의 불만

해밍 부호화법처럼 블록합검사를 통해서도 단일 오류를 정정할 수 있다. 그런데 블록합검사는 오류정정법으로 분류하지 않는다. 수학도깨비는 블록합검사를 오류정정법으로 분류해야 한다고 생각한다. 그리고 그것보다 더 좋다고 생각하는 것은 오류검출법, 오류정정법, 혼합법 이렇게 세 가지로 나눈 뒤 블록합검사를 혼합법으로 분류하는 것이다.

43rd 2개 이상의 오류를 배제하는 해밍 2진부호화

이제 해밍 2진부호를 완벽하게 파헤쳐 볼 수 있다. 원메시지가 4개의 비트로 이루어져 있는 해밍 부호체계를 보기로 하여 설명을 진행할 것이다. 본론에 앞서 총 16개의 해밍 부호어를 구해 보면 아래 표와 같다.

원메시지	해밍 부호어	원메시지	해밍 부호어
0000	0000000	1000	1110000
0001	1101001	1001	0011001
0010	0101010	1010	1011010
0011	1000011	1011	0110011
0100	1001100	1100	0111100
0101	0100101	1101	1010101
0110	1100110	1110	0010110
0111	0001111	1111	1111111

복호화기는 수신된 부호어에 따라 송신기가 전송한 해밍 부호어를 아래 표와 같이 추측하게 된다.

수신	송신	오류
0000000	0000000	0개
0000001	0000000	1개
0000010	0000000	
0000011	1000011	
0000100	0000000	
0000101	0100101	
0000110	0010110	
0000111	0001111	
0001000	0000000	
0001001	0011001	
0001010	0101010	
0001011	0001111	
0001100	1001100	
0001101	0001111	
0001110	0001111	
0001111	0001111	0개
0010000	0000000	1개
0010001	0011001	
0010010	0010110	
0010011	0110011	
0010100	0010110	
0010101	1010101	
0010110	0010110	0개
0010111	0010110	1개
0011000	0011001	
0011001	0011001	0개

수신	송신	오류
0100000	0000000	1개
0100001	0100101	
0100010	0101010	
0100011	0110011	
0100100	0100101	
0100101	0100101	0개
0100110	1100110	1개
0100111	0100101	
0101000	0101010	
0101001	1101001	
0101010	0101010	0개
0101011	0101010	1개
0101100	0111100	
0101101	0100101	
0101110	0101010	
0101111	0001111	
0110000	1110000	
0110001	0110011	
0110010	0110011	
0110011	0110011	0개
0110100	0111100	1개
0110101	0100101	
0110110	0010110	
0110111	0110011	
0111000	0111100	
0111001	0011001	

수신	송신	오류
1000000	0000000	1개
1000001	1000011	
1000010	1000011	
1000011	1000011	0개
1000100	1001100	1개
1000101	1010101	
1000110	1100110	
1000111	1000011	
1001000	1001100	
1001001	1101001	
1001010	1011010	
1001011	1000011	
1001100	1001100	0개
1001101	1001100	1개
1001110	1001100	
1001111	0001111	
1010000	1110000	
1010001	1010101	
1010010	1011010	
1010011	1000011	
1010100	1010101	
1010101	1010101	0개
1010110	0010110	1개
1010111	1010101	
1011000	1011010	
1011001	0011001	

수신	송신	오류
1100000	1110000	1개
1100001	1101001	
1100010	1100110	
1100011	1000011	
1100100	1100110	
1100101	0100101	
1100110	1100110	0개
1100111	1100110	1개
1101000	1101001	
1101001	1101001	0개
1101010	0101010	1개
1101011	1101001	
1101100	1001100	
1101101	1101001	
1101110	1100110	
1101111	1111111	
1110000	1110000	0개
1110001	1110000	1개
1110010	1110000	
1110011	0110011	
1110100	1110000	
1110101	1010101	
1110110	1100110	
1110111	1111111	
1111000	1110000	
1111001	1101001	

수신	송신	오류
0011010	1011010	1개
0011011	0011001	
0011100	0111100	
0011101	0011001	
0011110	0010110	
0011111	0001111	

수신	송신	오류
0111010	0101010	
0111011	0110011	
0111100	0111100	0개
0111101	0111100	1개
0111110	0111100	
0111111	1111111	

수신	송신	오류
1011010	1011010	0개
1011011	1011010	1개
1011100	1001100	
1011101	1010101	
1011110	1011010	
1011111	1111111	

수신	송신	오류
1111010	1011010	
1111011	1111111	
1111100	0111100	
1111101	1111111	
1111110	1111111	
1111111	1111111	0개

어떤 결론을 내릴 수 있는가? 수신기가 어떤 부호어를 받든지간에 수신기는 부호어에 오류가 없었거나 하나의 오류만 발생했다고 판단하게 된다. 그리고 하나의 오류만 발생했다고 수신기가 판단하는 경우에 수신기는 항상 그 오류를 정정하게 된다. 그렇다면 해밍 부호는 완벽하다는 것인가? 절대 그렇지 않다. 실제로는 2개 이상의 비트에서 오류가 발생할 수 있다. 2개 이상의 오류가 발생해도 해밍 부호체계에서 복호화기는 그런 상황을 오류가 없었거나 하나의 오류만 발생했었다고 처리하는 것이다. 즉, 해밍 부호화 알고리즘은 실제로 발생할 수 있는 2개 이상의 오류를 아예 배제해 버리는 것이다.

44th 행렬로 익히는 해밍 2진부호화 알고리즘

해밍[52]은 원자폭탄을 최초로 개발했던 미국의 프로젝트에 1945년에 참여했던 수학자이다. 섀넌이 벨전화연구소에서 근무하면서 1940년대 후반에 정보이론을 수립하던 당시에 해밍 역시 벨전화연구소에서 근무하고 있었다. 해밍은 컴퓨터를 조작해야 했는데 그때의 컴퓨터에서는 매우 자주 오류가 발생했다. 그러한 문제를 고민하던 해밍은 단일 오류를 정정할 수 있는 알고리즘을 고안했던 것이다. 그의 알고리즘은 1950년에 출판되었다.

우리는 행렬을 이용하여 해밍 부호어를 산출할 수도 있다. 이렇게 공부하면 해밍 부호 알고리즘을 익히는데 많은 도움을 얻을 수 있다는 장점이 있다. 여기에서는 원래 보내고자 하는 메시지가 5개의 비트로 구성되어 있는 경우를 보기로 해서 공부할 것이다.

보내고자 하는 메시지가 5개의 비트로 구성되어 있다면 총 32가지의 경우가 있다. 각각의 경우에 대하여 해밍 부호어를 구해보면 아래의 표와 같음을 확인할 수 있다.

원래 메시지	해밍 부호어
00000	000000000
00001	100000011
00010	110100100
00011	010100111
00100	010101000
00101	110101011
00110	100001100
00111	000001111
01000	100110000
01001	000110011
01010	010010100
01011	110010111

원래 메시지	해밍 부호어
10000	111000000
10001	011000011
10010	001100100
10011	101100111
10100	101101000
10101	001101011
10110	011001100
10111	111001111
11000	011110000
11001	111110011
11010	101010100
11011	001010111

[52] Richard Wesley Hamming. **Born:** 11 Feb 1915 in Chicago, Illinois, USA. **Died:** 7 Jan 1998 in Monterey, California, USA.

원래 메시지	해밍 부호어	원래 메시지	해밍 부호어
01100	110011000	11100	001011000
01101	010011011	11101	101011011
01110	000111100	11110	111111100
01111	100111111	11111	011111111

위의 표에서 원래의 메시지를 $m_1m_2m_3m_4m_5$ 로 나타내고 해밍 부호어를 $p_1p_2m_1p_3m_2m_3m_4p_4m_5$로 나타내자. 이것을 행렬로 표현하고 싶은데, 원래의 메시지 행렬에다가 어떤 특정 행렬을 곱한 결과가 해밍 부호어 행렬이 되도록 할 수 있을까? 즉 다음과 같이 말이다.

$$(m_1 \quad m_2 \quad m_3 \quad m_4 \quad m_5)\begin{pmatrix} \qquad\qquad\qquad\qquad\qquad\qquad \\ \\ \\ \end{pmatrix}$$
$$= (p_1 \quad p_2 \quad m_1 \quad p_3 \quad m_2 \quad m_3 \quad m_4 \quad p_4 \quad m_5)$$

또한 행렬로 표현하는 것이 가능하다고 할 때 원래의 메시지가 변하면 특정 행렬도 변해야 할까? 결론부터 말하자면, 행렬로 표현하는 것이 가능하고 원래의 메시지 행렬에 상관없이 특정 행렬은 변하지 않는다.

【1】 원래의 메시지가 본문의 경우처럼 5개의 비트들로 이루어진 경우 모든 패리티비트들을 구하는 식을 써라. 메시지 행렬에 곱하는 특정 행렬은 항상 일정한가?

【2】 원래의 메시지가 본문의 경우처럼 5개의 비트들로 이루어진 경우 특정 행렬은 무엇인가?

【3】 본문의 행렬은 부호화기가 이용하는 행렬이다. 오류의 위치를 판단하기 위해 복호화기가 이용하는 행렬은 무엇인가?

I 수학도깨비의 충고

【1】 해밍 부호화 알고리즘 중에서 부호화기가 어떻게 작동하는지를 이해했다면 간단히 해결할 수 있다.

【2】 각 패리티비트를 구하는 방법을 알아야 한다. 즉 윗문항을 먼저 확실히 이해해야 한다.

【3】 해밍 부호화 알고리즘 중에서 복호화기가 어떻게 작동하는지를 이해했다면 간단히 해결할 수 있다.

II 수학도깨비의 친절한 설명

【1】 송신기가 수신기로 보낼 메시지는 9개의 비트들로 구성되어 있다. 그런데 각 패리티비트는 항상 다음과 같이 구해진다.

$$p_1 = m_1 \oplus m_2 \oplus m_4 \oplus m_5,$$
$$p_2 = m_1 \oplus m_3 \oplus m_4,$$
$$p_3 = m_2 \oplus m_3 \oplus m_4,$$
$$p_4 = m_5$$

그러므로 메시지 행렬에 상관없이 특정 행렬이 일정함을 알 수 있다.

【2】 윗문항의 결과를 참고하여 특정 행렬을 얻을 수 있다. 이 행렬은 아래의 5×9 행렬이다.

$$(m_1 \quad m_2 \quad m_3 \quad m_4 \quad m_5)\begin{pmatrix}1&1&1&0&0&0&0&0&0\\1&0&0&1&1&0&0&0&0\\0&1&0&1&0&1&0&0&0\\1&1&0&1&0&0&1&0&0\\1&0&0&0&0&0&0&1&1\end{pmatrix}$$
$$=(p_1 \quad p_2 \quad m_1 \quad p_3 \quad m_2 \quad m_3 \quad m_4 \quad p_4 \quad m_5)$$

【3】 오류의 위치를 판단하기 위해 복호화기가 이용하는 행렬은 $\begin{pmatrix}0&0&0&1\\0&0&1&0\\0&0&1&1\\0&1&0&0\\0&1&0&1\\0&1&1&0\\0&1&1&1\\1&0&0&0\\1&0&0&1\end{pmatrix}$ 이다. 가령, 수신기가 011111100를 받았다면, 아래의 연산

$$(0 \quad 1 \quad 1 \quad 1 \quad 1 \quad 1 \quad 1 \quad 0 \quad 0)\begin{pmatrix}0&0&0&1\\0&0&1&0\\0&0&1&1\\0&1&0&0\\0&1&0&1\\0&1&1&0\\0&1&1&1\\1&0&0&0\\1&0&0&1\end{pmatrix}=(0 \quad 0 \quad 0 \quad 1)$$

을 수행하여 나온 결과에 의해 1번째 비트에서 오류가 발생했었던 것이다. 만약 수신기가 111011111를 받았다면, 아래의 연산

$$(1 \quad 1 \quad 1 \quad 0 \quad 1 \quad 1 \quad 1 \quad 1 \quad 1)\begin{pmatrix}0&0&0&1\\0&0&1&0\\0&0&1&1\\0&1&0&0\\0&1&0&1\\0&1&1&0\\0&1&1&1\\1&0&0&0\\1&0&0&1\end{pmatrix}=(0 \quad 1 \quad 0 \quad 1)$$

을 수행하여 나온 결과에 의해 5번째 비트에서 오류가 발생했었던 것이다.

II 수학도깨비의 보충설명

【3】 정답을 $\begin{pmatrix} 1 & 0 & 0 & 0 \\ 0 & 1 & 0 & 0 \\ 1 & 1 & 0 & 0 \\ 0 & 0 & 1 & 0 \\ 1 & 0 & 1 & 0 \\ 0 & 1 & 1 & 0 \\ 1 & 1 & 1 & 0 \\ 0 & 0 & 0 & 1 \\ 1 & 0 & 0 & 1 \end{pmatrix}$이라고 해도 된다. 하지만 이 경우에는 연산 결과를 뒤집은 후 오류의 위치를 판단해야 한다.

45th 패리티메모리와 ECC메모리

1981년 IBM PC 이래로 8비트의 메모리당 1비트의 패리티비트를 두어서 오류발생을 검출했다. 1990년대 초반까지 시장에서 팔리는 모든 PC에서 패리티검사가 사용되었다. 그런데 1994년 무렵부터 분위기가 조금씩 달라졌다. 기술의 발달로 메모리에서 오류가 발생할 가능성이 점점 줄어들자 일부 제조사에서 패리티가 포함되지 않은 메모리를 탑재한 컴퓨터를 내놓기 시작한 것이다. 물론 오류발생 가능성은 일반 사용자들이 신경쓸 필요가 없을 정도로 적었으며, 패리티를 제거함으로써 메모리 제조 비용을 줄일 수 있어서 제조사 측에는 즐거운 일이었을 것이다. 하지만 중요한 자료를 다루는 사용자들에게 패리티는 여전히 필요했으며 그러한 사용자는 별도로 요청해야 했다. 이러한 추세를 급격히 가속시킨 것은 대형 제조사들이 패리티가 없는 메모리를 탑재한 채로 PC를 출하한 일이다. 그 결과 패리티 없는 메모리가 대세로 굳어졌다. 특히 인텔은 430FX 칩셋을 출시하여 완전히 쐐기를 박았다. 430FX 칩셋은 패리티를 아예 지원하지 않았다. 인텔이 그러한 정책을 펼치자 그냥 그러려니 하고 다들 인텔을 따라갔다. 결국 일반사용자용 메모리에서 패리티가 사라졌다.

SDRAM이 나오기 전까지, EDO DRAM이나 FPM DRAM 등이 사용한 오류검출 방식은 패리티 방식이었다. 앞서 공부한 것처럼, 패리티비트를 사용함으로서 비트 하나의 오류를 검출할 수 있다. 그러나 2개의 비트에서 동시에 문제가 발생하면 오류가 검출되지 않는다. 물론, 메모리 자체의 오류가능성이 희박하며 오류가 발생하더라도 거의 대부분이 단일 비트 오류이기 때문에 패리티검사가 잡아낼 수 없는 문제점은 거의 없다고 생각해도 된다. 그러나 문제가 있는 자료가 그대로 전달되는 상황이 발생할 가능성이 약간은 존재했다.

이러한 문제를 해결한 것이 바로 ECC[53]메모리이다. ECC메모리는 단지 오류를 검출하기만 하는 패리티 방식에서 대폭 향상되어 단일 비트의 오류에 대해서는 이

53 Error Correcting Code의 頭文字語(두문자어)

를 검출하고 교정까지 할 수 있는 능력을 가지고 있다. 즉, 패리티 방식에서는 오류가 있을 경우 재전송을 요구하거나 동작을 중지해버렸던 것에 비해, ECC메모리는 단일 비트의 오류발생시 시스템의 정지 없이 바로 교정하면서 연속적인 동작이 가능하다.

ECC의 종류에는 여러 가지가 있는데, PC용 메모리에 적용되어 있는 ECC는 단일 비트 오류를 정정하고 2개 비트 오류를 검출했다. 하나의 비트에서 문제가 발생했다면 이를 직접 교정하고, 2개의 비트에서 오류가 발생한다고 해도 이를 검출하여 사용자에게 통보할 수 있는 것이다. 혹시 독자여러분이 2개 비트 오류를 정정할 수 있도록 ECC메모리를 만들지 않은 이유가 무엇이냐고 물을 수 있다. 이 물음에 대해 대답하기 위해 일단 2개 비트 오류를 정정할 수 있는 알고리즘이 존재한다는 사실을 분명히 밝힌다. 하지만 ECC메모리가 그런 알고리즘을 도입할 필요가 사실상 없다. 신뢰도가 떨어지는 무선통신 같은 경우라면 2개 비트 이상의 오류에 신경을 써야 한다. 그러나 메모리에서는 2개 비트 오류가 일어날 가능성이 사실상 없다.[54] 실제적으로는, 메모리 오류들 중 대략 98%가 1비트 오류들이었다는 연구결과가 있다. 여하튼 2개 비트 오류를 정정할 수 있도록 ECC메모리를 만들 필요가 별로 없다. 2개 비트 오류를 정정하지는 못하고 검출까지만 할 수 있도록 ECC메모리를 만들어도 크게 문제될 것이 없다.

내부 작동을 살펴보자. 메모리에 자료를 기록할 때, 메모리 컨트롤러가 패리티 비트를 만든다. 만들어진 패리티비트는 자료와 함께 메모리에 같이 저장되었다가 저장된 자료를 메모리 컨트롤러가 읽어낼 때 패리티비트도 함께 읽혀진다. 이 과정에서 메모리 컨트롤러는 저장되어 있는 자료와 패리티비트를 비교하면서 서로 맞는 것인가를 확인한다. 이때 자료와 패리티비트가 서로 맞는 것이라면 정상적

---

54 오류발생이 독립적이며 하나의 오류가 발생할 확률을 10^{17} 분의 일로 가정하자. 만약 메모리 시스템이 100MHz로 작동하며 128MB의 램을 장착해서 사용한다면 이 상황에서 1개 비트 오류는 1초마다 발생한다. 또한 2비트 오류의 발생 주기는 우주의 나이보다도 길게 된다. 물론 이것은 순전히 수학적으로만 계산한 것이기 때문에 비현실적이라는 단점을 갖는다. 번개에 의한 오류나 CD에 생긴 흠집에 의한 오류 등은 그런 수학적인 가정과 동떨어져 있다.

으로 처리된다. 만약 1개 비트의 오류가 검출된다면 이를 자동으로 정정한다. 2개 비트 이상의 오류가 발견될 경우에는 이를 사용자에게 알리고 그 이상의 시스템 운영을 정지시킨다. 결국 ECC메모리는 패리티메모리에 비해서 높은 신뢰도를 구현하면서 단일 오류를 직접 정정함으로서 성능저하를 줄일 수 있었다. 물론 오류 정정회로가 검사하는 시간이 있으므로 성능의 하락이 약간 일어나는 것은 당연하다. 하지만 이것이 많은 시간을 소요하지 않으므로 전체적으로는 유익하다.

인텔 i430TX 칩셋까지 사용되었던 72핀 SIMM[55]와 얼마 전까지 많이 사용되었던 168핀 SDRAM DIMM[56] 및 184핀 DDR SDRAM DIMM의 근본적인 차이점 중 하나는 메모리 버스의 폭이 다르다는 것이다. 72핀 메모리는 32비트의 메모리 버스를 가졌고, DIMM은 64비트의 메모리 버스를 가지고 있었다. 펜티엄에 72핀 메모리를 사용하기 위해서 2개의 메모리를 꽂는 것은 바로 버스폭을 맞추기 위함이었다. 펜티엄 프로세서는 64비트의 메모리 버스를 갖고 있기 때문이다. 당시의 72핀 메모리는 듀얼채널로 동작했다는 이야기가 되겠다.

패리티메모리의 경우 자료 저장용 8비트당 1개 비트의 패리티비트를 할당했다. 그러므로 16비트 자료 저장에는 2개 비트의 패리티비트가 필요했고 64비트 자료 저장에는 8개 비트의 패리티비트가 필요했다. 그런데 ECC메모리의 경우에는 연산 방법이 좀 복잡해서, 자료 저장용 32비트가 한번에 전송된다면 여기에 7개 비트의 검사비트를 필요로 한다. 재미있게도, 자료 저장용 64비트가 한번에 전송된다면 8개 비트의 검사비트를 필요로 한다. 이것은 결국 패리티메모리와 같은 수준이다. 그리하여 32비트의 버스폭을 갖는 72핀 메모리에서는 패리티 방식이 사용되었지만, 64비트의 버스폭을 갖는 168핀 DIMM부터는 ECC메모리가 사용되었다.

앞에서 배웠던 해밍 부호화법을 32비트 자료와 64비트 자료에 적용할 경우 추가로 필요한 패리티비트는 각각 몇비트인지 계산해 보자. 그리고 계산결과를 방금 위에서 설명한 것과 비교해 보자.

앞에서 우리는 패리티비트를 p개 추가함으로써 $2^{p-1}-p+1$비트부터 $2^{p}-p-$

---

55 Single Inline Memory Module의 頭文字語(두문자어)

56 Double Inline Memory Module의 頭文字語(두문자어)

1비트까지의 범위에 속하는 원메시지를 제어하는 단일 오류 정정 해밍 부호화법을 공부했다. 그러므로 27비트~57비트의 원메시지를 제어하기 위해서는 6개의 패리티비트들이 필요하며 58비트~120비트의 원메시지를 제어하기 위해서는 7개의 패리티비트들이 필요하다. 그런데 조금 전에 본문에서는 자료 저장용 32비트가 한번에 전송된다면 7개 비트의 검사비트를 필요로 하고 자료 저장용 64비트가 한번에 전송된다면 8개 비트의 검사비트를 필요로 한다고 했다. ECC메모리의 경우 1개의 검사비트가 더 있음을 알 수 있다. 어떻게 된 것일까? 어째서 두 설명이 일치하지 않는 것일까? ECC메모리에 검사비트가 하나 더 많은 것은 이상한 것이 아니다. 꼭 1개 비트 차이가 아니더라도 ECC메모리에는 검사비트가 더 많은 것이 당연하다. ECC메모리가 단일 오류를 정정할 수 있는 것은 물론이고 이중 오류를 검출도 할 수 있다는 것은 패리티메모리보다 기능이 향상된 건데, 기능이 향상된 만큼 검사비트가 하나라도 더 많아야 정상이지 않겠는가 말이다.

【1】 일반사용자용 메모리와 ECC메모리를 구별하기는 매우 쉽다. 아래 사진을 보고 어떤 것이 일반메모리이고 어떤 것이 ECC메모리인지 구별할 수 있겠는가?

I 수학도깨비의 충고

【1】 본문의 설명을 제대로 이해한 후 조금만 주의를 기울여 사진을 관찰해 보자.

II 수학도깨비의 친절한 설명

【1】 1번째 사진 메모리에는 칩이 9개 달려 있고, 2번째 사진 메모리에는 칩이 8개 달려 있다. ECC메모리의 경우 64비트당 검사비트가 8비트라고 했다. 그러므로 일반메모리가 칩 8개 짜리라면, ECC메모리는 칩 9개 짜리라고 생각할 수 있다.

III 수학도깨비의 보충설명

일반메모리와 ECC메모리를 구별하기는 매우 쉽다. 동일한 칩의 개수가 8의 배수이면 일반메모리이고 9의 배수이면 ECC메모리이다. 옆 사진은 동일 크기의 칩이 18개짜리다. 18는 9의 배수이므로 ECC메모리이다.

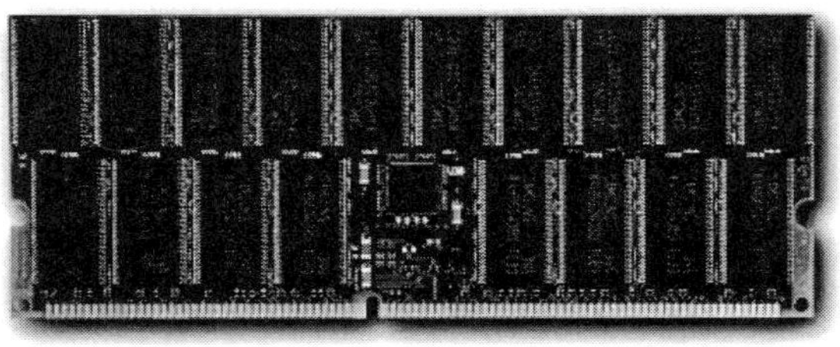

46th 2개~3개의 오류를 검출하는 확장 해밍 2진부호화

ECC메모리는 무슨 재주를 부려 이중 오류를 검출할 수 있는 것일까? 정답은 의외로 간단하다. ECC메모리는 앞서 배운 해밍 부호화법을 적용하여 해밍 부호어를 생성한 뒤 그 부호어를 대상으로 패리티비트를 추가하는 방법으로 이중 오류를 검출할 수 있다. 이 알고리즘을 확장된 해밍 부호화 알고리즘이라고 한다.

이번에는 원메시지가 3개의 비트로 이루어져 있는 해밍 부호체계를 보기로 하여 설명을 진행할 것이다. 총 8개의 해밍 부호어를 구해 보면 아래 표와 같다.

원메시지	해밍 부호어
000	000000
001	010101
010	100110
011	110011

원메시지	해밍 부호어
100	111000
101	101101
110	011110
111	001011

위의 결과에 이어 길이 6인 해밍 부호어를 대상으로 패리티비트를 추가하여 길이 7인 확장된 해밍 부호어를 생성한다. 결과는 아래 표와 같다.

해밍 부호어	확장된 해밍 부호어
000000	0000000
010101	0101011
100110	1001101
110011	1100110

해밍 부호어	확장된 해밍 부호어
111000	1110001
101101	1011010
011110	0111100
001011	0010111

복호화기는 수신된 확장부호어에 따라 송신기가 전송한 확장부호어를 아래 표와 같이 추측하게 된다.

수신	송신	오류
0000000	0000000	0개
0000001	0000000	1개
0000010	0000000	
0000011	0000000 혹은 0101011 혹은 0010111	2개
0000100	0000000	1개
0000101	0000000 혹은 1001101 혹은 0010111	2개
0000110	0000000 혹은 1100110 혹은 0010111	
0000111	0010111	1개
0001000	0000000	
0001001	0000000 혹은 0101011 혹은 1001101	2개

수신	송신	오류
0001010	0000000 혹은 0101011 혹은 1011010	
0001011	0101011	1개
0001100	0000000 혹은 1001101 혹은 0111100	2개
0001101	1001101	1개
0001110	0000000 혹은 0101011 혹은 1001101 혹은 1100110 혹은 1011010 혹은 0111100 혹은 0010111	3개
0001111	0101011 혹은 1001101 혹은 0010111	2개
0010000	0000000	1개
0010001	0000000 혹은 1110001 혹은 0010111	2개
0010010	0000000 혹은 1011010 혹은 0010111	
0010011	0010111	1개
0010100	0000000 혹은 0111100 혹은 0010111	2개
0010101	0010111	1개
0010110	0010111	
0010111	0010111	0개
0011000	0000000 혹은 1011010 혹은 0111100	2개
0011001	0000000 혹은 0101011 혹은 1001101 혹은 1110001 혹은 1011010 혹은 0111100 혹은 0010111	3개
0011010	1011010	1개
0011011	0101011 혹은 1011010 혹은 0010111	2개
0011100	0111100	1개
0011101	1001101 혹은 0111100 혹은 0010111	2개
0011110	1011010 혹은 0111100 혹은 0010111	
0011111	0010111	1개
0100000	0000000	
0100001	0000000 혹은 0101011 혹은 1110001	2개
0100010	0000000 혹은 0101011 혹은 1100110	
0100011	0101011	1개
0100100	0000000 혹은 1100110 혹은 0111100	2개
0100101	0000000 혹은 0101011 혹은 1001101 혹은 1100110 혹은 1110001 혹은 0111100 혹은 0010111	3개
0100110	1100110	1개
0100111	0101011 혹은 1100110 혹은 0010111	2개
0101000	0000000 혹은 0101011 혹은 0111100	
0101001	0101011	1개
0101010	0101011	
0101011	0101011	0개
0101100	0111100	1개
0101101	0101011 혹은 1001101 혹은 0111100	2개
0101110	0101011 혹은 1100110 혹은 0111100	
0101111	0101011	1개
0110000	0000000 혹은 1110001 혹은 0111100	2개
0110001	1110001	1개
0110010	0000000 혹은 0101011 혹은 1100110 혹은 1110001 혹은 1011010 혹은 0111100 혹은 0010111	3개
0110011	0101011 혹은 1110001 혹은 0010111	2개
0110100	0111100	1개
0110101	1110001 혹은 0111100 혹은 0010111	2개
0110110	1100110 혹은 0111100 혹은 0010111	
0110111	0010111	1개
0111000	0111100	

수신	송신	오류
0111001	0101011 혹은 1110001 혹은 0111100	2개
0111010	0101011 혹은 1011010 혹은 0111100	
0111011	0101011	1개
0111100	0111100	0개
0111101	0111100	1개
0111110	0111100	
0111111	0101011 혹은 0111100 혹은 0010111	2개
1000000	0000000	1개
1000001	0000000 혹은 1001101 혹은 1110001	2개
1000010	0000000 혹은 1100110 혹은 1011010	
1000011	0000000 혹은 0101011 혹은 1001101 혹은 1100110 혹은 1110001 혹은 1011010 혹은 0010111	3개
1000100	0000000 혹은 1001101 혹은 1100110	2개
1000101	1001101	1개
1000110	1100110	
1000111	1001101 혹은 1100110 혹은 0010111	2개
1001000	0000000 혹은 1001101 혹은 1011010	
1001001	1001101	1개
1001010	1011010	
1001011	0101011 혹은 1001101 혹은 1011010	2개
1001100	1001101	1개
1001101	1001101	0개
1001110	1001101 혹은 1100110 혹은 1011010	2개
1001111	1001101	1개
1010000	0000000 혹은 1110001 혹은 1011010	2개
1010001	1110001	1개
1010010	1011010	
1010011	1110001 혹은 1011010 혹은 0010111	2개
1010100	0000000 혹은 1001101 혹은 1100110 혹은 1110001 혹은 1011010 혹은 0111100 혹은 0010111	3개
1010101	1001101 혹은 1110001 혹은 0010111	2개
1010110	1100110 혹은 1011010 혹은 0010111	
1010111	0010111	1개
1011000	1011010	
1011001	1001101 혹은 1110001 혹은 1011010	2개
1011010	1011010	0개
1011011	1011010	1개
1011100	1001101 혹은 1011010 혹은 0111100	2개
1011101	1001101	1개
1011110	1011010	
1011111	1001101 혹은 1011010 혹은 0010111	2개
1100000	0000000 혹은 1100110 혹은 1110001	
1100001	1110001	1개
1100010	1100110	
1100011	0101011 혹은 1100110 혹은 1110001	2개
1100100	1100110	1개
1100101	1001101 혹은 1100110 혹은 1110001	2개
1100110	1100110	0개
1100111	1100110	1개
1101000	0000000 혹은 0101011 혹은 1001101 혹은 1100110 혹은 1110001 혹은 1011010 혹은 0111100	3개
1101001	0101011 혹은 1001101 혹은 1110001	2개

수신	송신	오류
1101010	0101011 혹은 1100110 혹은 1011010	
1101011	0101011	1개
1101100	1001101 혹은 1100110 혹은 0111100	2개
1101101	1001101	1개
1101110	1100110	
1101111	0101011 혹은 1001101 혹은 1100110	2개
1110000	1110001	1개
1110001	1110001	0개
1110010	1100110 혹은 1110001 혹은 1011010	2개
1110011	1110001	1개
1110100	1100110 혹은 1110001 혹은 0111100	2개
1110101	1110001	1개
1110110	1100110	
1110111	1100110 혹은 1110001 혹은 0010111	2개
1111000	1110001 혹은 1011010 혹은 0111100	
1111001	1110001	1개
1111010	1011010	
1111011	0101011 혹은 1110001 혹은 1011010	2개
1111100	0111100	1개
1111101	1001101 혹은 1110001 혹은 0111100	2개
1111110	1100110 혹은 1011010 혹은 0111100	
1111111	0101011 혹은 1001101 혹은 1100110 혹은 1110001 혹은 1011010 혹은 0111100 혹은 0010111	3개

이 표를 보고 알 수 있는 사실들을 모두 지적해 보자. 가장 쉽게 대답할 수 있는 것은 오류의 개수가 최고 3개까지라는 것이다. 표를 보면, 단일 오류의 경우 항상 정정가능하다는 것을 알 수 있다. 그 외 이중 오류와 삼중 오류의 경우에는 검출만 할 수 있다는 것도 알 수 있다. 해밍 부호어에 단순히 패리티비트 하나만 첨가했을 뿐인데 이중 오류와 삼중 오류를 검출할 수 있는 능력을 가지게 된 것이다. 해밍 부호는 2개 이상의 오류를 아예 배제했었음을 상기하자.

아래의 표를 통해, 기본적인 해밍 부호와 그 확장판을 비교하여 정리하도록 하자.

	해밍 부호	확장된 해밍 부호
검출만 할 수 있는 오류 개수		2개~3개
정정도 할 수 있는 오류 개수	1개	1개

47th HDTV에서 오류정정

디지털 전송 시스템에서는 막대한 양의 데이터를 전송하기 위해 신호원을 압축한다. 앞에서 살펴본 바와 같이 HDTV에서는 1Gbps 이상의 방대한 자료를 50분의 1 이하로 압축해서 20Mbps 정도로 전송한다. 그렇기 때문에 채널에서 발생한 적은 오류도 전체 시스템에는 매우 큰 영향을 미친다. 그러므로 채널에서 발생하는 오류를 줄이는 것이 필요하다. 당연히, 디지털 전송 시스템에서는 오류정정 부호를 사용한다.

얼마 전에 공부했듯이, 오류정정 방식은 크게 ARQ과 FEC으로 나뉜다. 그런데 ARQ은 오류를 탐지한 수신측이 재전송하라는 신호를 송신측에 보낼 수 있는 리턴채널을 필요로 하기 때문에 방송에는 적합하지 않다. 반면에 FEC에서는 원래의 메시지신호에 부가적인 신호를 덧붙여서 전송하여, 채널에서 오류가 발생하면 수신기에서 대수학적 성질을 이용하여 채널 오류를 검출하거나 정정한다.

이 FEC을 크게 블록부호(block code)와 길쌈부호(convolutional code)[57]로 나눌 수 있다. 특히 블록부호의 한 종류인 리드[58]-솔로몬[59] 부호는 블록부호 중 90% 이상 사용되고 있다.

디지털 지상파 방송에서도 블록부호로 리드-솔로몬 부호를 사용한다. 리드-솔로몬 부호는 군집오류를 정정하는 능력이 우수하다. VSB 변조 방식에서 사용되는 리드-솔로몬 부호는 187바이트의 동영상자료에 오류정정용으로 20바이트를 추가한 207바이트를 한 덩어리로 하여 전송한다. 이 경우에 10바이트까지의 오류를 정정할 수 있다. 놀랍지 않은가? 만약 오류가 10바이트를 넘어서면, HDTV는 해당 신호를 폐기시킨다.

---

[57] 1955년에 엘리어스가 도입한 부호

[58] Irving Stoy Reed. **Born:** 1923 in Seattle, Washington.

[59] Gustave Solomon. **Born:** 27 Oct 1930. **Died:** 31 Jan 1996. 솔로몬은 1956년 MIT에서 수학박사학위를 취득했다.

참고로, 디지털 VTR에서 채택한 알고리즘도 리드-솔로몬 부호화법이다.

【1】 1Gbps인 자료를 20Mbps로 압축했다면, 정확한 압축률은 얼마인가?

I 수학도깨비의 충고

【1】 단위 전환을 정확하게 알고 있어야 한다.

II 수학도깨비의 친절한 설명

【1】 정확한 압축률은

$$\frac{20\text{Mbps}}{1\text{Gbps}} = \frac{20\text{Mbps}}{1024\text{Mbps}} = 1.953125\%$$

이다.

48th HDD에서 채택한 리드-솔로몬 부호화

몇 년 동안이나 사용했던 하드디스크에 심각한 오류가 발생한다면 여간 낭패스러운 일이 아닐 수 없다. HDD 기술자들은 오류를 검출하고 정정하는 일이 얼마나 중요한지 물론 잘 알고 있다. 그들은 오류를 제어하기 위한 기술을 HDD에 통합하고 있다. HDD의 성능과 용량을 희생한다면, 지금보다 훨씬 적게 오류가 발생되는 HDD를 만들 수 있을 것이다. 하지만 우리 생각해 보자. 오타 없이 1분에 100타를 치는 것이 더 좋겠는가 아니면 한두 번의 오타가 있더라도 1분에 150타를 치는 것이 더 좋겠는가?

하드디스크는 섹터들로 구성되어 있는데 하나의 섹터 크기가 512바이트라는 것이 현재 표준이다. 그리고 HDD에는 오류정정부호를 위한 별도의 공간이 마련되어 있다. 섹터에 자료가 저장되면 적절한 오류정정부호가 생기게 되는데 이 오류정정부호가 별도의 공간에 기록되는 것이다. 자료가 저장되어 있는 섹터를 읽을 때는 HDD가 섹터에 저장되어 있는 자료만 읽는 것이 아니라 오류정정부호까지 함께 읽는다. 만약 오류가 발생하면 컨트롤러에게 알려준다. 이때 오류수정이 가능하다면 오류를 수정한다. HDD에 주로 채택된 기법은 리드-솔로몬 부호화법이다. 오류제어를 위한 별도의 비트가 더 많이 포함될수록 컨트롤러가 리드-솔로몬 알고리즘을 처리하기 위한 성능이 우수해야 한다. 하드디스크 컨트롤러는 디스크에서 자료를 읽을 때 발생하는 오류들을 관리한다.

최근 HDD는 SMART 기능을 지원한다. 이 기능은 드라이브의 고장을 예견하여 신뢰도를 향상시키는 기능이다. HDD 제조사에서 정해놓은 안전한계를 넘어서는 읽기오류 등이 발생하면 HDD가 위험하다고 SMART 기능은 사용자에게 알려준다.

오류가 전혀 없는 하드디스크를 만들 수는 없다. 그래서 오류제어부호를 별도로 삽입한다. 상황에 따라서는 오류제어부호가 해결할 수 없는 물리적인 흠집이 발생한다. 이것을 불량섹터(bad sector)라고 부른다.

유명한 벤치마크 소프트웨어인 EVEREST에는 'ECC 바이트'라는 항목이 있다. 오류정정을 위해서 1섹터당 추가로 할당한 용량을 말하는 것이 분명한데 수학도깨비가 여러 HDD들에 대해 조사한 ECC 바이트는 다음 표와 같다.

제조사	모델	ECC 바이트	섹터 크기
퀀텀	QUANTUM FIREBALLlct10 30	4	512바이트
삼성	SAMSUNG HD080HJ	4	554바이트
	SAMSUNG SP0802N		
	SAMSUNG SP1614N		
	SAMSUNG SP2504C		
시게이트	ST31500341AS	4	512바이트
	ST340014A		
웨스턴 디지털	WDC WD10EACS-00D6B0	50	
	WDC WD1500HLFS-01G6U0	52	
	WDC WD5000AAKS-00TMA0	50	
	WDC WD7500AAKS-22RBA0	50	
	WDC WD800JD-00MSA1	65	
히다치	HDT722516DLA380	52	
	Hitachi HDS721616PLA380		

그런데 이상하게도 삼성제품들은 모두 섹터 크기가 표준을 벗어났다. 어째서 삼성제품만 섹터 크기가 표준을 벗어나느냐고 수학도깨비가 삼성전자에 문의했더니 자사제품들도 512바이트라고 답변을 보내 왔다. 삼성전자에서 거짓말을 하는 것은 아니겠지만, 솔직히 말해서 찝찝하다.

디지털 지상파 방송과 디지털 VTR에서 리드-솔로몬 부호를 사용한다고 이미 언급했었다. 그 외 CD 플레이어는 CD 표면에 생긴 흠집 등에 의한 오류를 정정할 수 있는 기능을 가지고 있는데 이때 사용되는 기술도 리드-솔로몬 부호이다.

49th 미항공우주국에서 채택한 리드-뮐러 부호

1969년부터 1976년까지 미항공우주국의 마리너 계열 우주선은 리드[60]-뮐러[61] 부호를 사용했다. 블록부호에 속하는 이 부호를 1954년에 뮐러가 발견했고 역시 1954년에 리드가 최초의 복호화 알고리즘을 고안했다.

---

60 Irving Stoy Reed. **Born:** 1923 in Seattle, Washington.

61 D. E. Muller

50th 미항공우주국에서 채택한 길쌈부호

블록부호에 관한 수학이론이 길쌈부호에 별로 적용이 되지 않아 수학자들이 블록부호에 비해 길쌈부호에는 상대적으로 적은 관심을 기울이고 있다고 한다. 길쌈부호는 블록부호보다 본질적으로 더욱 어렵다. 그럼에도 불구하고 길쌈부호는 광범위하게 사용되어왔다.

블록부호는 메시지를 일정한 길이의 블록들로 나누어 부호화를 수행하는 방식이었다. 길쌈부호는 우리가 지금까지 공부해 왔던 여러 다양한 부호들과 달리 블록들로 나누어 처리하는 것이 아니다. 길쌈부호체계에서 메시지 $x_1x_2x_3\cdots$ 는 $x_1y_1x_2y_2x_3y_3\cdots$와 같은 형태로 부호화된다. 이때 y_i는 x_1, x_2, $\cdots$, x_i에 의해 정해진다. y_i가 x_1, x_2, $\cdots$, x_i의 함수라는 뜻이다.

1969년부터 1976년까지 미항공우주국의 마리너 계열 우주선은 리드-뮐러 부호를 사용했었다. 그러다가 1977년 이후로는 먼 우주에서 지구로 자료를 전송할 때 길쌈부호를 사용해 오고 있다.

51st 한글을 암호화

본 책의 마지막 주제는 암호화이다. 갈수록 보안의 중요성이 널리 대두되고 있다. 암호화 알고리즘도 시대에 따라 다양하게 선보이고 있다. 요즘 인터넷으로 물건을 구입하고 결제하는 사람들이 많아졌다. 그런데 나의 금융 정보가 쉽사리 새어나갈 수 있다고 상상해 보아라. 생각만 해도 끔찍하다!

해독하기가 거의 불가능할 정도로 뛰어난 암호 알고리즘을 만들어도 그걸 깨트리는 사람이 항상 있게 마련이지만, 그런 것까지 우리가 신경 쓸 필요는 없다. 본 책을 통해 암호화 기법에 대해 어느 정도만 이해해도 된다.

본 책의 처음부터 시작해서 지금까지 공부한 내용은 부호화이론과 정보이론이라고 하는 것이다. 부호화이론과 정보이론은 유기적으로 연결되어 있어서 두 이론을 따로 떼어놓을 수 없다. 비록 부호화이론이나 정보이론에 암호이론이 포함되지 않는 별개의 영역이지만, 메시지를 암호화하는 것이 매우 중요하므로 전혀 다루지 않는 것은 곤란하다.

부호화이론이나 정보이론은 수학의 한 분야라고 해도 괜찮을 정도로 수학이 많이 사용된다. 암호화이론도 마찬가지다. 수학의 이용 정도 측면에서 따진다면 암호화이론이 부호화이론이나 정보이론보다 수학을 더 많이 사용한다고 할 수 있을 것이다. 자, 여러분, 그럼 시작합니다.

기본적인 용어의 뜻을 알아보는 것부터 시작하자. 메시지를 안전하게 만드는 방법에 관해 연구하는 분야를 암호학(cryptography)이라고 한다. 이때 변형 전의 원메시지를 평문(plaintext)이라고 하며 변형 후 메시지를 암호문(ciphertext)이라고 한다. 암호화(encryption)는 평문을 암호문으로 변형하는 과정으로 정의된다. 암호문을 평문으로 되돌리는 과정은 복호화(decryption)이다. 마지막으로 암호화와 복호화에 사용하는 알고리즘을 암호법(cipher)이라고 말한다.

행렬을 활용한 암호화 알고리즘을 하나 생각해 보자. 지금까지는 영어 알파벳을 대상으로 공부했지만 이번에는 한글을 가지고 이론을 전개해 나갈 것이다. 한글 암호화 알고리즘을 설명하기에 앞서 한글 자체에 대해서 공부하도록 하자. 한글의 음절은 받침의 유무에 따라 두 가지로 나눌 수 있다. 받침이 없는 글자와 받침이 있는 글자로 말이다. 받침이 없는 글자는 초성(첫소리) 자음과 중성 모음으로 구성된다. 받침이 있는 글자는 거기에다 종성(받침) 자음이 추가된다. 초성 자음에는 총 19개가 있고, 중성 모음에는 총 21개가 있으며 종성 자음에는 총 27개가 있다. 구체적으로는 각각에 대해 다음과 같은 낱소리들이 있다.

초성: ㄱ, ㄴ, ㄷ, ㄹ, ㅁ, ㅂ, ㅅ, ㅇ, ㅈ, ㅊ, ㅋ, ㅌ, ㅍ, ㅎ, ㄲ, ㄸ, ㅃ, ㅆ, ㅉ

중성: ㅏ, ㅑ, ㅓ,ㅕ, ㅗ, ㅛ, ㅜ, ㅠ, ㅡ, ㅣ, ㅐ, ㅒ, ㅔ, ㅖ, ㅘ, ㅙ, ㅚ, ㅝ, ㅞ, ㅟ, ㅢ

종성: ㄱ, ㄴ, ㄷ, ㄹ, ㅁ, ㅂ, ㅅ, ㅇ, ㅈ, ㅊ, ㅋ, ㅌ, ㅍ, ㅎ, ㄲ, ㅆ, ㄳ, ㄵ, ㄶ, ㄺ, ㄻ, ㄼ, ㄽ, ㄾ, ㄿ, ㅀ, ㅄ

한편, 컴퓨터로 한글을 표현하는 데 사용되는 체계에는 완성형과 조합형이 있다. 완성형은 글자 하나당 1개씩의 코드를 부여하여 사용가능한 모든 한글을 표현하는 방식이다. 조합형은 초성·중성·종성 각 낱소리당 1개씩의 코드를 부여한 후 그 코드들의 조합으로 한글을 표현하는 방식이다. 조합형으로 한글을 모두 표현하기 위해 필요한 비트수는 초성·중성·종성 각각에 필요한 비트수를 합쳐서 계산한다.

그럼 알고리즘을 설명하도록 하겠다. 다음 표에서 설명하는 알고리즘으로 한글을 과연 암호화할 수 있을까?

(1) 초성을 구성하는 자음을 아래 표와 같이 자연수에 대응시킨다.

ㄱ	ㄴ	ㄷ	ㄹ	ㅁ	ㅂ	ㅅ	ㅇ	ㅈ	ㅊ	ㅋ	ㅌ	ㅍ	ㅎ	ㄲ	ㄸ	ㅃ	ㅆ
1	2	3	4	5	6	7	8	9	10	11	12	13	14	15	16	17	18
ㅉ																	
19																	

(2) 중성을 구성하는 모음을 아래 표와 같이 자연수에 대응시킨다.

ㅏ	ㅑ	ㅓ	ㅕ	ㅗ	ㅛ	ㅜ	ㅠ	ㅡ	ㅣ	ㅐ	ㅒ	ㅔ	ㅖ	ㅘ	ㅙ	ㅚ	ㅝ
1	2	3	4	5	6	7	8	9	10	11	12	13	14	15	16	17	18
ㅞ	ㅟ	ㅢ															
19	20	21															

(3) 종성을 구성하는 자음을 아래 표와 같이 자연수에 대응시킨다.

ㄱ	ㄴ	ㄷ	ㄹ	ㅁ	ㅂ	ㅅ	ㅇ	ㅈ	ㅊ	ㅋ	ㅌ	ㅍ	ㅎ	ㄲ	ㅆ	ㄳ
1	2	3	4	5	6	7	8	9	10	11	12	13	14	15	16	17

ㄴㅈ	ㄴㅎ	ㄹㄱ	ㄹㅁ	ㄹㅂ	ㄹㅅ	ㄹㅌ	ㄹㅍ	ㄹㅎ	ㅂㅅ							
18	19	20	21	22	23	24	25	26	27							

(4) 초성에 대응하는 자연수가 a이고 중성에 대응하는 자연수가 b이고 종성에 대응하는 자연수가 c일 때 음절을 행렬 $\begin{pmatrix} a & b \\ c & 0 \end{pmatrix}$로 표현한다. 받침이 없는 글자의 경우 행렬 $\begin{pmatrix} a & b \\ 0 & 0 \end{pmatrix}$로 표현한다.

(5) 음절에 대응하는 행렬에 정사각행렬 $2E = \begin{pmatrix} 2 & 0 \\ 0 & 2 \end{pmatrix}$을 곱한 것으로 암호화한다. 만약 단위행렬을 곱한 결과 초성 성분이 19를 넘어가면 19를 뺀 값으로 하고 중성 성분이 21를 넘어가면 21를 뺀 값으로 하고 종성 성분이 27를 넘어가면 27를 뺀 값으로 한다.

초성과 중성과 종성을 각각 암호화한 후 이것을 바탕으로 한글을 암호화하는 것이다.

보기를 들어 '수학'이라는 단어를 암호화해 보자. 초성 'ㅅ'에 해당하는 자연수는 7이고 중성 'ㅜ'에 해당하는 자연수는 7이므로 음절 '수'에 해당하는 행렬은 $\begin{pmatrix} 7 & 7 \\ 0 & 0 \end{pmatrix}$이다. 그 다음에 초성 'ㅎ'에 해당하는 자연수는 14이고 중성 'ㅏ'에 해당하는 자연수는 1이고 종성 'ㄱ'에 해당하는 자연수는 1이므로 음절 '학'에 해당하는 행렬은 $\begin{pmatrix} 14 & 1 \\ 1 & 0 \end{pmatrix}$이다. 두 행렬에 정사각행렬 $2E$을 곱하면 각각 $\begin{pmatrix} 14 & 14 \\ 0 & 0 \end{pmatrix}$이고 $\begin{pmatrix} 28 & 2 \\ 2 & 0 \end{pmatrix}$이다. 그런데 28는 19보다 크므로 28 대신에 $28 - 19 = 9$으로 한다. 따라서 암호화한 행렬은 결국 $\begin{pmatrix} 14 & 14 \\ 0 & 0 \end{pmatrix}$과 $\begin{pmatrix} 9 & 2 \\ 2 & 0 \end{pmatrix}$이다. 이제 마지막으로 암호화한 행렬에 해당하는 음절을 찾는다. $\begin{pmatrix} 14 & 14 \\ 0 & 0 \end{pmatrix}$에 해당하는 음절은 '혜'이고 $\begin{pmatrix} 9 & 2 \\ 2 & 0 \end{pmatrix}$에 해당하는 음절은 '쟌'이다. 그러므로 '수학'을 암호화한 결과는 '혜쟌'이다.

본 책의 부록에 수많은 글자에 대한 암호화쌍을 수록했다. 이것은 수학도깨비가 직접 노가다를 한 것이다.

【1】 한글의 모든 글자수는 몇 개인가? 사람들이 실제로 사용하는 글자인지의 여부는 고려하지 말고 이론적으로 가능한 총개수를 구하여라.

【2】 완성형으로 현대 한글을 표현하기 위해 필요한 메모리의 최소량은 얼마인가?

【3】 조합형으로 현대 한글을 표현하기 위해 필요한 메모리의 최소량은 얼마인가?

【4】 현대 한글의 사용가능한 모든 글자들을 텍스트 파일에 저장했다. 이 파일의 크기는 몇 KB인가? 소수점 셋째자리에서 반올림하여 소수점 둘째자리까지 나타내어라.

【5】 단어 '물리'를 암호화하면 무엇인가?

【6】 수학도깨비가 만든 암호화 알고리즘을 해독하는 알고리즘을 세워라.

【7】 서로 다른 두 행렬을 암호화한 결과가 동일할 경우에는 문제가 생긴다. 수학도깨비가 만든 암호화 알고리즘의 경우 이런 문제점이 발생하는 알고리즘인가?

I 어떻게 해결할 것인가

【1】 한글에는 받침이 있는 글자도 있고 그렇지 않은 글자도 있다. 본문에 주어진 정보만으로 받침이 있는 글자수와 그렇지 않은 글자수를 간단하게 계산할 수 있다.

【2】 완성형은 글자 하나당 1개씩의 코드를 부여하는 방식이다. 따라서 필요한 메모리의 양을 계산하려면 우선은 전체 글자수를 알아야 한다. 1번 문항에서 계산한 값을 이용하면 된다.

【3】 조합형은 초성·중성·종성 각 자소당 1개씩의 코드를 부여한 후 그 코드들의 조합으로 한글을 표현하는 방식이다. 따라서 필요한 메모리의 양을 계산하려면 우선은 초성의 총개수, 중성의 총개수, 종성의 총개수를 알아야 하는데 이것은 ㈎을 통하여 알 수 있다.

그 다음에는 초성을 표현하기 위해 필요한 메모리의 양, 중성을 표현하기 위해 필요한 메모리의 양, 종성을 표현하기 위해 필요한 메모리의 양을 계산한 후 모두 더한다.

【4】 문자 하나를 저장하는 데 필요한 용량에 총문자수를 곱하면 된다.

【5】 본문에 단어 '수학'을 암호화하는 방법이 구체적으로 설명되어 있다. 본문의 설명을 참조해서 '물리'를 암호화한다.

【6】 우리는 2가지 사항에 대해 해결해야 한다. 일단 간단히 해결할 수 있는 것부터 생각한다. 첫번째로 해결해야 할 것은 우리가 어떤 주어진 행렬에 $\begin{pmatrix} 2 & 0 \\ 0 & 2 \end{pmatrix}$을 곱한 결과의 행렬이 있을 때 원래의 행렬을 얻기 위해서는 어떻게 하면 되는지 알아내는 것이다. 이것은 아주 간단한 문제이다. $\begin{pmatrix} 2 & 0 \\ 0 & 2 \end{pmatrix}$의 역행렬인 $\begin{pmatrix} 0.5 & 0 \\ 0 & 0.5 \end{pmatrix}$을

곱해주면 된다. 두번째로 해결해야 할 것은 행렬을 곱한 결과 각 성분이 19, 21, 27를 초과하는 경우에 어떻게 해야 하는지 알아내는 것이다. 조금만 생각해 보면 이것도 쉽게 해결할 수 있는 문제임을 알 수 있다. 각 성분이 19, 21, 27를 초과하는 경우와 그렇지 않은 경우를 어떻게 구별할 수 있을까?

【7】 본 책의 마지막에는 많은 글자에 대하여 암호화를 한 결과가 부록으로 실려 있다. 왼쪽 글자는 암호화를 하기 전의 글자이고 오른쪽 글자는 암호화를 한 후의 글자이다. 부록을 먼저 보고 문제가 발생하는지 생각해 보아도 좋을 것이다.

II 수학도깨비의 친절한 설명

【1】 받침이 없는 글자수는 19×21이고 받침이 있는 글자수는 $19 \times 21 \times 27$이다. 따라서 모든 글자수는

$$19 \times 21 + 19 \times 21 \times 27 = 19 \times 21 \times 28 = 11172$$

이다.

【2】 11172가지 코드를 표현하기 위해 몇 비트가 필요한지 계산하면 된다. $2^{13} < 11172 < 2^{14}$이 성립하므로 14비트가 필요하다.

【3】 초성 자음의 총개수에 대하여 $2^4 < 19 < 2^5$이 성립하고, 중성 모음의 총개수에 대하여 $2^4 < 21 < 2^5$이 성립하며, 종성 모음의 총개수에 대하여 $2^4 < 27 < 2^5$이 성립한다. 결국 초성·중성·종성 각각에 대하여 5비트씩 필요하므로 모두 15비트가 필요하다.

【4】 문자 하나를 저장하는 데 2byte를 필요로 한다고 했다. 따라서 11172개의

글자를 텍스트 파일로 저장하면, 이 파일의 크기는

$$2\text{byte} \times 11172 = 22344\text{byte} = 21.82\text{KB}$$

가 된다.

【5】 초성 'ㅁ'에 해당하는 자연수는 5이고 중성 'ㅜ'에 해당하는 자연수는 7이고 종성 'ㄹ'에 해당하는 자연수는 4이므로 음절 '물'에 해당하는 행렬은 $\begin{pmatrix} 5 & 7 \\ 4 & 0 \end{pmatrix}$이다. 그 다음에 초성 'ㄹ'에 해당하는 자연수는 4이고 중성 'ㅣ'에 해당하는 자연수는 10이므로 음절 '리'에 해당하는 행렬은 $\begin{pmatrix} 4 & 10 \\ 0 & 0 \end{pmatrix}$이다. 두 행렬에 정사각행렬 $2E$을 곱하면 각각 $\begin{pmatrix} 10 & 14 \\ 8 & 0 \end{pmatrix}$이고 $\begin{pmatrix} 8 & 20 \\ 0 & 0 \end{pmatrix}$이다. 이제 암호화한 행렬에 해당하는 음절을 찾는다. $\begin{pmatrix} 10 & 14 \\ 8 & 0 \end{pmatrix}$에 해당하는 음절은 '쵦'이고 $\begin{pmatrix} 8 & 20 \\ 0 & 0 \end{pmatrix}$에 해당하는 음절은 '위'이다. 그러므로 '물리'를 암호화한 결과는 '쵦위'이다.

【6】 암호화 알고리즘 역순으로 암호해독 알고리즘을 세워 나가야 한다.

각 성분이 19, 21, 27를 초과하는 경우와 그렇지 않은 경우를 매우 쉽게 구별할 수 있다. 초과하지 않는 경우 최종 행렬의 모든 성분들은 짝수인 반면에 초과하는 경우 최종 행렬의 모든 성분들은 홀수이다. 그러므로 최종 결과 행렬의 모든 성분들이 짝수인 경우에는 그대로 놓아 두고 홀수인 경우에는 각 성분에 19, 21, 27를 더한다. 그 다음에는 이 행렬에 $\begin{pmatrix} 0.5 & 0 \\ 0 & 0.5 \end{pmatrix}$을 곱한다. 이 곱의 결과를 가지고 음절을 찾아내면 된다.

【7】 초성을 구성하는 모든 낱소리들을 고려하여 보자. 초성을 암호화하기 전과 후를 따져보면 일대일대응임을 알 수 있다. 즉, 암호화하기 전의 서로 다른 낱소리는 서로 다른 낱소리로 암호화된다. 중성과 종성의 경우도 마찬가지다. 따라서 서로 다른 음절은 항상 서로 다른 음절로 암호화되기 때문에 문제가 발생하지 않는다.

III 주의사항

【4】 완성형으로 현대 한글을 표현하기 위해 필요한 메모리의 최소량이 14비트임을 계산했고, 조합형으로 현대 한글을 표현하기 위해 필요한 메모리의 최소량이 15비트임을 계산했다. 둘 다 1바이트보다는 크고 2바이트보다는 작으므로 답을 2바이트라고 하기 쉽다. 하지만 2바이트는 단지 하나의 문자가 실제로 차지하는 크기일 뿐이다. 2개 이상의 문자가 있다면 문자들의 총개수에 2바이트를 곱해야 텍스트 파일의 실제 크기가 나온다.

52nd mRNA의 유전암호

핵산에는 DNA와 RNA가 있으며 이들 핵산의 기본단위는 뉴클레오티드이다. 뉴클레오티드는 염기와 당과 인산이 각각 하나씩 결합한 것이다. 핵산을 구성하는 염기를 퓨린계 염기와 피리미딘계 염기로 나눌 수 있다. 분자구조가 큰 퓨린계 염기에는 아데닌, 구아닌이 있다. 분자구조가 작은 피리미딘계 염기에는 시토신, 티민, 우라실이 있다. DNA의 염기는 아데닌, 구아닌, 시토신, 티민으로 구성되며 RNA의 염기는 아데닌, 구아닌, 시토신, 우라실로 구성된다.

한글은 24개의 자음과 모음을 결합하여 단어와 문장을 만들어내며 영어는 26개의 알파벳문자를 조합하여 단어와 문장을 만든다. DNA는 자신을 구성하는 4가지의 염기로 많은 암호문을 만들어 유전정보를 담을 수 있는데 이것에 관해 좀더 알아보자.

DNA의 유전정보가 mRNA로 전사됨으로써 단백질이 합성되기 시작한다. 세포질로 나온 mRNA에 리보솜이 부착되고, tRNA가 mRNA의 정보를 해독하여 적절한 아미노산을 운반한다. 운반되어 온 아미노산은 리보솜에서 펩티드 결합이 일어나 단백질로 합성된다.

단백질을 이루는 아미노산은 20종류이므로, DNA의 유전암호는 최소 20가지가 되어야 한다. 아데닌, 티민, 구아닌, 시토신으로 유전암호를 조합할 때 20개의 조합이 나오려면 최소한 몇 개씩 짝을 지어야 할까?

DNA의 염기는 4종류로 20종의 아미노산보다 훨씬 적다. 그러므로 유전암호가 1개의 염기로는 구성될 수 없다.

유전암호가 2개의 염기로 구성될 수 있을까? 2개의 염기를 조합하면 총 16[62]개의 암호가 만들어진다. 그런데 이것만으로는 20종의 아미노산을 지정하기에 부족하다.

---

62 $16 = 4^2$

3개의 염기를 조합하면 총 64[63]개의 암호가 만들어지므로, 이 경우에는 20종의 아미노산을 암호화하기에 충분하다. 유전암호가 3개의 염기로 구성되어 있는 것이다. 이와 같이 3개의 염기로 된 'DNA의 유전암호'를 트리플렛 코드라고 말한다.

한편, DNA의 코드를 상보적으로 전사한 mRNA의 유전암호를 코돈이라고 부른다. 과학자들은 64종에 해당하는 'mRNA의 코돈'을 모두 해독했고, 그 결과 생물체를 구성하는 20종의 아미노산을 지정하는 유전암호가 모두 밝혀졌다. 아래의 표는 mRNA의 유전암호인 코돈을 나타낸다. 표에서 메티오닌은 암호 읽기의 시작을 가리키는 개시코돈으로 쓰이며 정지코돈은 암호 읽기의 끝을 가리킨다.

첫째 염기	둘째 염기				셋째 염기
	U	C	A	G	
U	페닐알라닌	세린	티로신	시스테인	U
	페닐알라닌	세린	티로신	시스테인	C
	류신	세린	정지코돈	정지코돈	A
	류신	세린	정지코돈	트립토판	G
C	류신	프롤린	히스티딘	아르기닌	U
	류신	프롤린	히스티딘	아르기닌	C
	류신	프롤린	글루타민	아르기닌	A
	류신	프롤린	글루타민	아르기닌	G
A	이소류신	트레오닌	아스파라긴	세린	U
	이소류신	트레오닌	아스파라긴	세린	C
	이소류신	트레오닌	리신	아르기닌	A
	메티오닌	트레오닌	리신	아르기닌	G
G	발린	알라닌	아스파르트산	글리신	U
	발린	알라닌	아스파르트산	글리신	C
	발린	알라닌	글루탐산	글리신	A
	발린	알라닌	글루탐산	글리신	G

63 $64 = 4^3$

【1】 유전자코드는 길이 n의 q진부호이다. n값과 q값은 각각 얼마인가?

【2】 하나의 코돈에서 1개의 염기가 자리잡고 있는 위치의 정보량은 얼마인가?

【3】 하나의 코돈에 담겨진 정보량은 얼마인가?

【4】 유전자코드는 즉시부호인가?

I 수학도깨비의 충고

【1】 기본적인 질문이지만 이후의 문항들과 연결되니 신중하게 생각한 후 대답하는 것이 좋다.

【2】~【3】 정보량을 계산한 후 단위를 빼지 않도록 한다.

【4】 크라프트 정리는 즉시부호이기 위한 필요충분조건을 말해 준다. 크라프트 부등식에 대입할 값들을 확실히 알아야 한다.

II 수학도깨비의 친절한 설명

【1】 유전자코드의 코드알파벳은 $\{$아데닌, 구아닌, 시토신, 우라실$\}$이며 3개의 염기로 코돈이 구성된다. 그러므로 유전자코드는 길이 3의 4진부호이다

【2】 하나의 코돈에서 1개의 염기가 자리잡고 있는 위치에 나타날 수 있는 염기는 4가지이다. 그러므로 구하는 정보량은

$$\log_2 4 = 2\text{비트}$$

이다.

【3】 하나의 코돈은 3개의 염기로 구성된다. 그러므로 정보량은

$$2\text{비트} \times 3 = 6\text{비트}$$

이다.

【4】 크라프트의 부등식

$$\frac{1}{r^{l_1}}+\frac{1}{r^{l_2}}+\cdots+\frac{1}{r^{l_{n-1}}}+\frac{1}{r^{l_n}}\le 1$$

에 $n=64$과 $r=4$과 $l_1=\cdots=l_n=3$을 대입하면 아래와 같다.

$$\frac{1}{4^3}+\frac{1}{4^3}+\cdots+\frac{1}{4^3}+\frac{1}{4^3}=1\le 1$$

부등식이 성립하므로 유전자코드는 즉시부호이다.

53rd RSA 암호를 완벽하게 이해하자

최근 몇 년 사이에 암호이론과 관련한 서적이 꽤 많이 출간되었다. 그만큼 암호에 대한 관심이 많아졌다는 증거일 것이다. 그런데 암호에 관련한 서적을 읽어보는 것이 두려울 정도로 이해하기 쉽지 않다. 기본적으로, 어려운 수학이론이 많이 등장하기 때문이다. RSA 암호는 대부분의 암호 서적들이 가장 많은 지면을 할애하는 알고리즘이다. 암호세계에서 가장 양반 대접을 받는다고 말하는 것이 적절한 표현일 것이다. 서문에서 말했듯이, 본 책에서 암호화는 많이 다루지 않는다. 대신 수학도깨비는 독자가 RSA 암호를 최대한 잘 이해할 수 있도록 노력을 하고자 한다.

독자가 온라인에서 물건을 구매하기 위해 전자결제하는 것을 상상해 보아라. 독자의 컴퓨터와 은행의 서버 사이에 오고가는 중요한 정보를 누군가가 해킹하여 신용카드 정보를 빼내가면 어떡하나 하고 걱정이 될 것이다. 이러한 걱정을 깔끔히 해결해 주는 것이 바로 RSA이다.

RSA을 공개키 암호화 방식이라고 부른다. 공개키 암호화 방식에서는 각각의 컴퓨터가 다른 컴퓨터와 겹치지 않는 한 쌍의 키를 준비한다. 독자의 컴퓨터가 준비한 한 쌍의 키 중에서 하나는 공개키 Ψ이고 다른 하나는 비밀키 ψ이다. 공개키 Ψ는 다른 컴퓨터에 알려주고 비밀키 ψ는 독자의 컴퓨터에만 보관하고 외부에서 알지 못하도록 한다. 공개키 Ψ로 암호화된 정보를 해독하는 것은 오직 비밀키 ψ로만 가능하다. 그러니까 공개키 Ψ로 암호화된 정보를 공개키 Ψ를 가지고도 해독할 수 없다. 독자의 컴퓨터 외부로 비밀키 ψ만 유출되지 않도록 주의하면, 공개키 Ψ를 해커가 알아도 무방하다.

독자가 은행의 서버에 접속하여 전자결제하는 것을 다시 한 번 상상해 보아라. 은행의 서버는 공개키 Φ와 비밀키 φ를 가지고 있다. 독자의 컴퓨터가 은행 서버에 접속되면, 곧바로 두 컴퓨터는 자신들의 공개키를 교환한다. 독자의 컴퓨터는 Φ를 알게 되고, 은행의 서버는 Ψ를 알게 되는 것이다. 이제 독자가 물건을 주문하기 위해 신용카드 정보를 입력하면, 독자의 컴퓨터는 은행서버 컴퓨터의 공개키 Φ로 신용카드 정보를 암호화하여 전송한다. 그러면 은행서버는 자신의 비밀키 φ로 암호화된 정보를 해독하여 원래의 정보를 알게 된다. 은행서버의 공개키 Φ로 암호화하여 보내진 정보는 비밀키 φ를 가지고 있는 서버만 해독할 수 있기 때문에 해커가 독자의 신용카드 정보를 해독할 수 없다.

독자의 컴퓨터의 공개키 Ψ는 누구나 알 수 있다. 그리하여 해커가 독자인 척하고 자기[64] 컴퓨터에서 공개키 Ψ를 은행서버에 알려주고 물건을 주문한다면 곤란하다. 이런 문제를 방지하려면, 은행서버는 자신[65]이 받고 있는 정보의 송신자가 독자의 컴퓨터인지 아닌지를 확인해야 한다. 확인을 위해서 서버는 "나는 은행서버"와 같은 임의의 메시지를 독자의 컴퓨터에 보내면서 이 메시지를 독자의 컴퓨터의 비밀키 ψ로 암호화한 후 원래 메시지와 암호화된 메시지를 함께 보내달라고 요구한다. 공개키 암호화 방식에서는 비밀키 ψ로 암호화된 정보가 공개키 Ψ로만 해독가능하다. 그러므로 독자의 컴퓨터는 원래의 메시지와 암호화된 메시지를 함께 전송하고 이 두 메시지를 받은 서버는 암호화된 메시지를 공개키 Ψ로 해독한 후 전송받은 원래 메시지와 일치하는지 확인한다. 만약 일치한다면, 공개키 Ψ를 가진 컴퓨터가 보낸 정보임이 확실하다는 것을 알 수 있는 것이다.

또다른 걱정거리가 있다. 독자의 컴퓨터가 가르쳐 준 공개키 Ψ로부터 비밀키 ψ를 알아내 버리면 어떡하나 하고 걱정할 수 있을 것이다. 비록 그런 일은 절대 불가능하다고 장담할 수는 없지만, 기술적으로 사실상 불가능하다. 비밀키 ψ로부터 간단한 계산을 통해 공개키 Ψ를 알아낼 수는 있으나, 공개키 Ψ로부터 비밀키 ψ를 알아내는 것은 시간이 너무 많이 걸리는 작업이다. 최고의 슈퍼컴을 동원하더라도 몇십 년을 계산해야 할 정도이다.

그럼 지금부터 공개키 암호화 방식인 RSA 알고리즘을 구체적으로 설명하겠다.

은행서버는 자릿수가 엄청 큰 씨수 2개를 준비해 놓는다. 가령 $p = 5264473$와 $q = 77573$를 준비해 놓았다고 하자. 실제로는, 은행서버가 이것보다 훨씬 더 어마어마하게 큰 수를 골라야 한다.

---

64 해커를 말함.

65 은행서버를 말함.

은행서버는 두 자연수 a와 b의 곱 ab을 $(p-1)(q-1)$로 나눈 나머지가 1이 되도록 하는 a와 b를 찾아낸다. 은행서버가 처음에 선택한 두 씨수에 대하여 $(p-1)(q-1) = 408375621984$이다. 그런데 408375621984로 나눈 나머지가 1이 되는 수는 무한히 많다. 은행서버가 가령 $ab = 408375621985$를 선택했다고 하자. 또한 은행서버가 $a = 695$로 하고 $b = 587590823$로 선택했다고 하자.

은행서버는 p와 q와 b를 남에게 절대로 알려줘서는 안된다. 그러나 pq[66]와 a를 누구에게나 공개해도 아무런 상관없다. 즉 해커가 408380964029와 695를 알아도 상관없다. 물론 아무것도 공개하지 않는 것이 조금이라도 더 안전하다고 봐야할 것이다.

이제 결제나 입금을 하기 위해 독자가 자신의 신용카드번호, 주소 같은 것을 입력하는 것을 상상해 보아라. 독자가 뭔가를 입력하면, 그것이 어떤 적당한 함수에 의거하여 거대한 자연수로 바뀐다. 이 자연수를 x라고 하자.

x^a를 pq로 나눈 나머지 y를 계산하는데 y가 바로 암호화된 정보이다. 독자의 컴퓨터는 y를 은행서버로 보낸다. 그런데 독자의 컴퓨터가 y를 계산할 수 있는가? 있다. 왜냐하면 처음에 선택했던 두 씨수를 곱한 결과값과 a를 누구나 알 수 있도록 은행서버가 이미 공개했기 때문이다.

암호화된 정보를 받은 은행서버가 할 일은 이 암호화된 정보를 원래의 x로 되돌리는 것이다. 은행서버는 어렵지 않게 이 일을 할 수 있다. y^b를 ab로 나눈 나머지를 구하면 된다. 수학이론을 사용하면, 방금 구한 나머지가 x와 같음을 증명할 수 있다.

아직 다 끝나지 않았다. 은행서버는 x를 독자가 입력한 것으로 바꾸어야 한다. 그러기 위해서는 독자가 입력한 것을 x로 바꾸는 함수를 은행서버도 알고 있어야 한다. 그래야 은행서버가 역함수를 적용하여 x를 독자가 입력한 것으로 바꿀 것 아닌가!

지금까지의 상황을 염두에 두고 이제 해커가 뭘 할 것인지 추적해 보자. 일단

---

[66] 두 씨수를 곱한 결과값을 공개하는 것이지 개별적인 두 수를 공개하는 것이 절대 아니다.

해커는 은행서버가 공개한 pq와 a를 이미 알고 있다. 또한 독자가 은행서버에 전송한 암호문 y을 해커가 가로챘다고 하자. 해커는 자신이 알고 있는 pq와 a와 y를 이용해서 독자가 입력한 것을 알아내야 하는데, 현재까지는 실용적인 그런 방법이 발견되지 않았다. 수학적으로 불가능하다는 것을 말하는 것이 아니다. RSA 알고리즘이 100% 안전한 알고리즘이라고 증명된 것은 아니라는 말이다. 어쨌든 짧은 시간 내에 RSA 암호를 해독할 수 있는 기술이 적어도 현재까지는 발견되지 않았다.

54th 블루레이의 복제방지기술이 무장해제되다!

많은 사람들이 일본 소니의 「PLAYSTATION®3」(PS3™)로 화려한 게임을 즐기고 있다. 그런데 최근에 상당수의 사람들이 게임보다는 다른 목적으로 PS3™를 구입하고 있다. PS3™는 기본적으로 게임기이지만 블루레이 영화를 재생할 수 있는 기능을 가지고 있다. 블루레이 플레이어로서 PS3™의 가격 대비 성능이 훌륭하기 때문에 블루레이 전용 플레이어를 구입하지 않고 PS3™를 구입하고 있는 것이다.

복제가 되지 않도록 하기 위해 블루레이에는 AACS[67]이라고 하는 암호기술이 적용되어 있다. AACS의 암호키는, AACS을 관리하는 단체인 AACS LA[68]의 규정에 따라, 정기적으로 갱신되고 있다. 그러므로 시판되는 최신 AACS 키가 수록된 블루레이 디스크를 PS3™로 재생하기 위해서는 PS3™ 본체에서도 최신 블루레이 디스크를 지원하는 AACS 키를 갱신해야 한다. PS3™의 시스템 소프트웨어 버전 1.80 이상에서는 블루레이 디스크 지원을 위해 최신 AACS 키를 미리 넣어두었다. 그러나 버전 1.80 미만의 PS3™를 사용하고 있는 사용자의 경우, 최신 AACS 키를 가진 블루레이 영상 콘텐츠를 재생할 수 없으므로 PS3™의 시스템 소프트웨어를 업데이트한 후에 사용해야 한다.

AACS과 관련하여 매우 흥미로운 일이 2007년에 있었다. 애시당초 블루레이 진영에서는 AACS이 10년은 갈 것이라고 큰소리쳤다. 향후 10년간은 AACS 암호가 깨지지 않고 안전할 것이라고 굳게 믿은 것이다. 그런데 그 말이 나오자마자 블루레이 진영의 헛된 꿈이라는 것이 드러났다. AACS 암호가 뚫려버린 것이다.

블루레이의 암호화기술이 현재 완벽하게 무장해제되었다. 원래, 블루레이를 컴퓨터로 감상하기 위해서는 HDCP 호환 그래픽카드와 HDCP 호환 모니터를 갖추고 있어야 된다. 그러나 최근에 등장한 AnyDVD HD라는 소프트웨어는 블루레이에서

---

[67] Advanced Access Content System의 頭文字語(두문자어)

[68] Advanced Access Content System Licensing Administrator의 頭文字語(두문자어)

AACS 암호를 제거해 버린다. 이 소프트웨어가 있으면 HDCP 호환 그래픽카드와 HDCP 호환 모니터가 없어도 된다. AnyDVD HD는 보통의 그래픽카드와 보통의 모니터로도 블루레이를 감상할 수 있게 해 준다.

까다로운 암호화기술을 만든 사람도 대단하고 그걸 무력화시킨 사람도 대단할 뿐이다.

부록A ASCII 문자표

2진수	8진수	10진수	16진수	문자
0000000	000	000	00	null
0000001	001	001	01	제목 시작
0000010	002	002	02	텍스트 시작
0000011	003	003	03	텍스트 끝
0000100	004	004	04	전송 끝
0000101	005	005	05	조회
0000110	006	006	06	긍정 응답
0000111	007	007	07	벨
0001000	010	008	08	백스페이스
0001001	011	009	09	가로 탭
0001010	012	010	0A	줄 바꿈/새 줄
0001011	013	011	0B	세로 탭
0001100	014	012	0C	용지 공급/새 페이지
0001101	015	013	0D	캐리지 리턴
0001110	016	014	0E	SO(Shift Out)
0001111	017	015	0F	SI(Shift In)
0010000	020	016	10	데이터 링크 이스케이프
0010001	021	017	11	장치 제어 1
0010010	022	018	12	장치 제어 2
0010011	023	019	13	장치 제어 3
0010100	024	020	14	장치 제어 4
0010101	025	021	15	부정 응답
0010110	026	022	16	동기 유휴
0010111	027	023	17	전송 블록 끝
0011000	030	024	18	취소
0011001	031	025	19	미디어 끝
0011010	032	026	1A	대체
0011011	033	027	1B	이스케이프
0011100	034	028	1C	파일 구분
0011101	035	029	1D	그룹 구분
0011110	036	030	1E	레코드 구분
0011111	037	031	1F	단위 구분
0100000	040	032	20	공백
0100001	041	033	21	!
0100010	042	034	22	"

2진수	8진수	10진수	16진수	문자
1000000	100	064	40	@
1000001	101	065	41	A
1000010	102	066	42	B
1000011	103	067	43	C
1000100	104	068	44	D
1000101	105	069	45	E
1000110	106	070	46	F
1000111	107	071	47	G
1001000	110	072	48	H
1001001	111	073	49	I
1001010	112	074	4A	J
1001011	113	075	4B	K
1001100	114	076	4C	L
1001101	115	077	4D	M
1001110	116	078	4E	N
1001111	117	079	4F	O
1010000	120	080	50	P
1010001	121	081	51	Q
1010010	122	082	52	R
1010011	123	083	53	S
1010100	124	084	54	T
1010101	125	085	55	U
1010110	126	086	56	V
1010111	127	087	57	W
1011000	130	088	58	X
1011001	131	089	59	Y
1011010	132	090	5A	Z
1011011	133	091	5B	[
1011100	134	092	5C	\
1011101	135	093	5D	]
1011110	136	094	5E	^
1011111	137	095	5F	_
1100000	140	096	60	`
1100001	141	097	61	a
1100010	142	098	62	b

2진수	8진수	10진수	16진수	문자
0100011	043	035	23	#
0100100	044	036	24	$
0100101	045	037	25	%
0100110	046	038	26	&
0100111	047	039	27	'
0101000	050	040	28	(
0101001	051	041	29	)
0101010	052	042	2A	*
0101011	053	043	2B	+
0101100	054	044	2C	,
0101101	055	045	2D	-
0101110	056	046	2E	.
0101111	057	047	2F	/
0110000	060	048	30	0
0110001	061	049	31	1
0110010	062	050	32	2
0110011	063	051	33	3
0110100	064	052	34	4
0110101	065	053	35	5
0110110	066	054	36	6
0110111	067	055	37	7
0111000	070	056	38	8
0111001	071	057	39	9
0111010	072	058	3A	:
0111011	073	059	3B	;
0111100	074	060	3C	<
0111101	075	061	3D	=
0111110	076	062	3E	>
0111111	077	063	3F	?

2진수	8진수	10진수	16진수	문자
1100011	143	099	63	c
1100100	144	100	64	d
1100101	145	101	65	e
1100110	146	102	66	f
1100111	147	103	67	g
1101000	150	104	68	h
1101001	151	105	69	i
1101010	152	106	6A	j
1101011	153	107	6B	k
1101100	154	108	6C	l
1101101	155	109	6D	m
1101110	156	110	6E	n
1101111	157	111	6F	o
1110000	160	112	70	p
1110001	161	113	71	q
1110010	162	114	72	r
1110011	163	115	73	s
1110100	164	116	74	t
1110101	165	117	75	u
1110110	166	118	76	v
1110111	167	119	77	w
1111000	170	120	78	x
1111001	171	121	79	y
1111010	172	122	7A	z
1111011	173	123	7B	{
1111100	174	124	7C	|
1111101	175	125	7D	}
1111110	176	126	7E	~
1111111	177	127	7F	DEL

부록B 확장 ASCII 문자표

2진수	8진수	10진수	16진수	문자
10000000	200	128	80	Ç
10000001	201	129	81	ü
10000010	202	130	82	é
10000011	203	131	83	â
10000100	204	132	84	ä
10000101	205	133	85	à
10000110	206	134	86	å
10000111	207	135	87	ç
10001000	210	136	88	ê
10001001	211	137	89	ë
10001010	212	138	8A	è
10001011	213	139	8B	ï
10001100	214	140	8C	î
10001101	215	141	8D	ì
10001110	216	142	8E	Ä
10001111	217	143	8F	Å
10010000	220	144	90	É
10010001	221	145	91	æ
10010010	222	146	92	Æ
10010011	223	147	93	ô
10010100	224	148	94	ö
10010101	225	149	95	ò
10010110	226	150	96	û
10010111	227	151	97	ù
10011000	230	152	98	ÿ
10011001	231	153	99	Ö
10011010	232	154	9A	Ü
10011011	233	155	9B	¢
10011100	234	156	9C	£
10011101	235	157	9D	¥
10011110	236	158	9E	₱
10011111	237	159	9F	ƒ
10100000	240	160	A0	á
10100001	241	161	A1	í
10100010	242	162	A2	ó
10100011	243	163	A3	ú
10100100	244	164	A4	ñ
10100101	245	165	A5	Ñ

2진수	8진수	10진수	16진수	문자
11000000	300	192	C0	└
11000001	301	193	C1	┴
11000010	302	194	C2	┬
11000011	303	195	C3	├
11000100	304	196	C4	─
11000101	305	197	C5	┼
11000110	306	198	C6	╞
11000111	307	199	C7	╟
11001000	310	200	C8	╚
11001001	311	201	C9	╔
11001010	312	202	CA	╩
11001011	313	203	CB	╦
11001100	314	204	CC	╠
11001101	315	205	CD	═
11001110	316	206	CE	╬
11001111	317	207	CF	╧
11010000	320	208	D0	╨
11010001	321	209	D1	╤
11010010	322	210	D2	╥
11010011	323	211	D3	╙
11010100	324	212	D4	Ô
11010101	325	213	D5	╒
11010110	326	214	D6	╓
11010111	327	215	D7	╫
11011000	330	216	D8	╪
11011001	331	217	D9	┘
11011010	332	218	DA	┌
11011011	333	219	DB	█
11011100	334	220	DC	▄
11011101	335	221	DD	▌
11011110	336	222	DE	▐
11011111	337	223	DF	▀
11100000	340	224	E0	α
11100001	341	225	E1	ß
11100010	342	226	E2	Γ
11100011	343	227	E3	π
11100100	344	228	E4	Σ
11100101	345	229	E5	σ

2진수	8진수	10진수	16진수	문자
10100110	246	166	A6	ª
10100111	247	167	A7	º
10101000	250	168	A8	¿
10101001	251	169	A9	⌐
10101010	252	170	AA	¬
10101011	253	171	AB	½
10101100	254	172	AC	¼
10101101	255	173	AD	¡
10101110	256	174	AE	«
10101111	257	175	AF	»
10110000	260	176	B0	░
10110001	261	177	B1	▒
10110010	262	178	B2	▓
10110011	263	179	B3	│
10110100	264	180	B4	┤
10110101	265	181	B5	╡
10110110	266	182	B6	╢
10110111	267	183	B7	╖
10111000	270	184	B8	╕
10111001	271	185	B9	╣
10111010	272	186	BA	║
10111011	273	187	BB	╗
10111100	274	188	BC	╝
10111101	275	189	BD	╜
10111110	276	190	BE	╛
10111111	277	191	BF	┐

2진수	8진수	10진수	16진수	문자
11100110	346	230	E6	µ
11100111	347	231	E7	τ
11101000	350	232	E8	Φ
11101001	351	233	E9	Θ
11101010	352	234	EA	Ω
11101011	353	235	EB	δ
11101100	354	236	EC	∞
11101101	355	237	ED	φ
11101110	356	238	EE	ε
11101111	357	239	EF	∩
11110000	360	240	F0	≡
11110001	361	241	F1	±
11110010	362	242	F2	≥
11110011	363	243	F3	≤
11110100	364	244	F4	⌠
11110101	365	245	F5	⌡
11110110	366	246	F6	÷
11110111	367	247	F7	≈
11111000	370	248	F8	≈
11111001	371	249	F9	•
11111010	372	250	FA	·
11111011	373	251	FB	√
11111100	374	252	FC	^{n}
11111101	375	253	FD	^{2}
11111110	376	254	FE	■
11111111	377	255	FF	

부록C 암호화쌍

가	갸	거	겨	고	교	구	규	그	기	개	걔	게	계	과	괘	괴	궈	궤	귀	긔						
냐	녀	뇨	뉴	니	냬	녜	놰	눠	뉘	나	너	노	누	느	내	네	놔	뇌	눼	늬						
나	냐	너	녀	노	뇨	누	뉴	느	니	내	냬	네	녜	놔	놰	뇌	눠	눼	뉘	늬						
랴	려	료	류	리	럐	례	뢔	뤄	뤼	라	러	로	루	르	래	레	롸	뢰	뤠	릐						
자	쟈	저	져	조	죠	주	쥬	즈	지	재	쟤	제	졔	좌	좨	죄	줘	줴	쥐	즤						
쌰	쎠	쑈	쓔	씨	썌	쎼	쐐	쒀	쒸	싸	써	쏘	쑤	쓰	쌔	쎄	쏴	쐬	쒜	씌						
차	챠	처	쳐	초	쵸	추	츄	츠	치	채	챼	체	쳬	촤	쵀	최	춰	췌	취	츼						
갸	겨	교	규	기	걔	계	괘	궈	귀	가	거	고	구	그	개	게	과	괴	궤	긔						
싸	쌰	써	쎠	쏘	쑈	쑤	쓔	쓰	씨	쌔	썌	쎄	쎼	쏴	쐐	쐬	쒀	쒜	쒸	씌						
뺘	뼈	뾰	쀼	삐	뺴	뼤	뽸	뿨	쀠	빠	뻐	뽀	뿌	쁘	빼	뻬	뽜	뾔	쀄	쁴						
짜	쨔	쩌	쪄	쪼	쬬	쭈	쮸	쯔	찌	째	쨰	쩨	쪠	쫘	쫴	쬐	쭤	쮀	쮜	쯰						
쨔	쪄	쬬	쮸	찌	쨰	쪠	쫴	쭤	쮜	짜	쩌	쪼	쭈	쯔	째	쩨	쫘	쬐	쮀	쯰						
각	간	갇	갈	감	갑	갓	강	갖	갗	갘	같	갚	갛	갂	갔	갃	갅	갆	갉	갊	갋	갌	갍	갎	갏	값
냔	냘	냡	냥	냧	냩	냫	냤	냕	냙	냛	냝	냟	냑	냗	냠	냣	냦	냨	냪	냒	냓	냖	냚	냜	냞	냢
갹	갼	갿	걀	걈	걉	걋	걍	걎	걏	걐	걑	걒	걓	갺	걌	갻	갽	갾	걁	걂	걃	걄	걅	걆	걇	걊
년	녈	녑	녕	녗	녙	녛	녔	녅	녉	녋	녍	녏	녁	녇	념	녓	녖	녘	녚	녂	녃	녆	녊	녌	녎	녒
긱	긴	긷	길	김	깁	깃	깅	깆	깇	깈	깉	깊	깋	긲	깄	긳	긵	긶	긹	긺	긻	긼	긽	긾	긿	깂
뉜	뉠	뉩	뉭	뉯	뉱	뉳	뉬	뉝	뉡	뉣	뉥	뉧	뉙	뉟	뉨	뉫	뉮	뉰	뉲	뉚	뉛	뉞	뉢	뉤	뉦	뉪
객	갠	갣	갤	갬	갭	갯	갱	갲	갳	갴	갵	갶	갷	갞	갰	갟	갡	갢	갥	갦	갧	갨	갩	갪	갫	갮
난	날	납	낭	낯	낱	낳	났	낝	낡	낣	낥	낧	낙	낟	남	낫	낮	낰	낲	낚	낛	낞	낢	낤	낦	낪
궉	권	궏	궐	궘	궙	궛	궝	궞	궟	궠	궡	궢	궣	궊	궜	궋	궍	궎	궑	궒	궓	궔	궕	궖	궗	궚
뉀	뉄	뉍	뉑	뉓	뉕	뉗	뉐	뉁	뉅	뉇	뉉	뉋	눽	뉃	뉌	뉏	뉒	뉔	뉖	눾	눿	뉂	뉆	뉈	뉊	뉎
긕	긘	긛	긜	긤	긥	긧	긩	긪	긫	긬	긭	긮	긯	긖	긨	긗	긙	긚	긝	긞	긟	긠	긡	긢	긣	긦
늰	늴	늽	닁	닃	닅	닇	닀	늱	늵	늷	늹	늻	늭	늳	늼	늿	닂	닄	닆	늮	늯	늲	늶	늸	늺	늾

수학도깨비 시리즈 3

수학도깨비에게 인코딩 및 정보이론 배우기

2009년 3월 25일 초판 인쇄
2009년 4월 5일 초판 발행

저 자 / 최행진
발행자 / 오판근
발행처 / 교우사

주 소 / 서울 동대문구 제기2동 148-19
전 화 / 925-2861(대), 편집부 / 925-2825
팩 스 / 925-2860
E-mail / kw2861 @ empal.com
http: // www. kyowoo. co. kr
등록 / 1994. 3. 24 제6-0256호

ISBN 978-89-8172-796-3 (04410)
978-89-8172-770-3 (세트번호)

값 **12,000**원